Einstern

3

Themenheft 1

- Die Zahlen bis 1 000
- Addition und Subtraktion im Zahlenraum bis 1 000
- Achsensymmetrie

Erarbeitet von Roland Bauer und Jutta Maurach

In Zusammenarbeit mit der Redaktion Mathematik Grundschule

Cornelsen

Inhaltsverzeichnis

Lernportion 4 Achsensymmetrie

Lernportion 5 Plusaufgaben mit Hunderterüberschreitung

Lernportion 6 Minusaufgaben mit Hunderterüberschreitung

Lernportion 7 Plus- und Minusaufgaben mit Hunderterüberschreitung

1 Besprich mit einem anderen Kind, was diese Zahlen bedeuten.

2 Suche große Zahlen.

a) Suche in deiner Umgebung, in Katalogen, Zeitungen oder im Internet weitere Abbildungen mit großen Zahlen. Du kannst auch fotografieren.
Besprich mit einem anderen Kind, was die Zahlen bedeuten.

b) Zeichne oder klebe die Bilder in dein Heft.
Du kannst auch mit anderen Kindern ein Plakat gestalten.

Seite 4 Aufgabe 2
b) ...

* unterschiedliche Bedeutung von großen Zahlen erkennen
* **SF:** Beispiele für große Zahlen im Alltag finden und präsentieren
* **MK:** unterschiedliche Medien nutzen, Plakat gestalten

1 Finde heraus, wie die Bäuerin die Eier verschickt.

a) Bestimme die Anzahl der Eierkartons und der Eier in einer Kiste.
In einer Kiste sind ■ Eierkartons und ■ Eier.

b) Bestimme die Anzahl der Kisten, der Eierkartons und der Eier auf der Palette.
Auf der Palette sind ■ Kisten, ■ Eierkartons und ■ Eier.

c) Tausche dich mit einem anderen Kind aus, wie man die Anzahl der Eier auf der Palette bestimmen kann.

Seite 5 Aufgabe 1

a) In einer Kiste sind
... Eierkartons und ... Eier.

b) ...

2 Bestimme jeweils die Anzahl der Kisten, Eierkartons und Eier.

a) 

b) 

c) 

d) 

e) 

Seite 5 Aufgabe 2

	Kisten	Kartons	Eier
a)	0	4	40
b)	...	...	...

★ Strukturen des Zehnersystems erkennen und nutzen

1 Einer, Zehner, Hunderter und Tausender kennenlernen

1 Würfel	1 Stange	1 Platte	1 Block
1 Einer	1 Zehner	1 Hunderter	1 Tausender

1 Betrachte den Zusammenhang zwischen Würfel, Stange, Platte und Block.

a) Ein Block hat ▢ Platten.

b) Eine Platte hat ▢ Stangen. Ein Block hat ▢ Stangen.

c) Eine Stange hat ▢ Würfel. Eine Platte hat ▢ Würfel. Ein Block hat ▢ Würfel.

Seite 6 Aufgabe 1
a) Ein Block hat …
Platten.
b) …

2 Was fällt dir bei den Ergebnissen von Aufgabe 1 auf? Sprich mit einem anderen Kind darüber.

3 Bestimme die Anzahl der kleinen Würfel.

a)

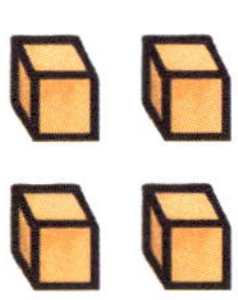

b)

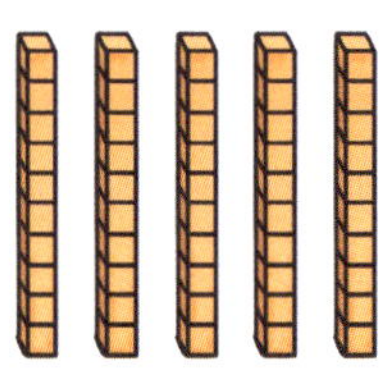

c)

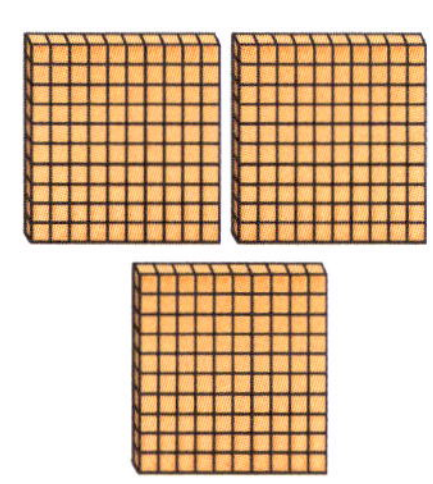

Seite 6 Aufgabe 3
a) 4   b) …

d)

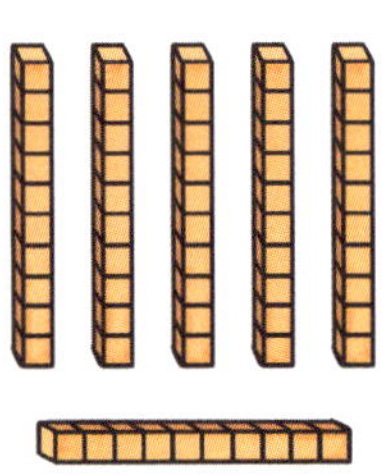

e)

f)

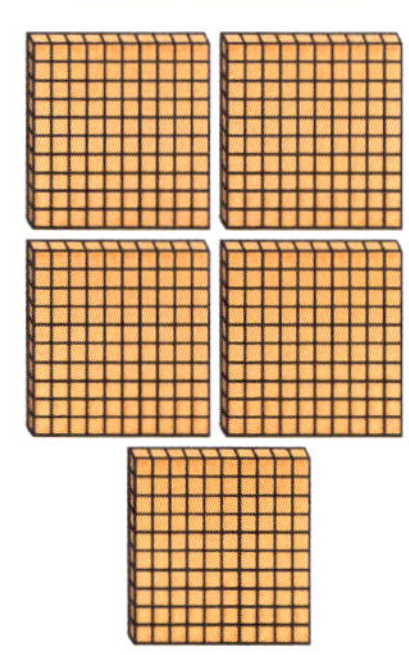

★ Struktur des Zehnersystems erkennen und nutzen
★ Erkenntnisse bei der Bestimmung der Anzahl von Einzelwürfeln nutzen und übertragen

1 Lege mit Hundertern, Zehnern und Einern eine Zahl.
Ein anderes Kind bestimmt die Zahl und notiert sie in der Stellentafel.
Wechselt die Rollen.

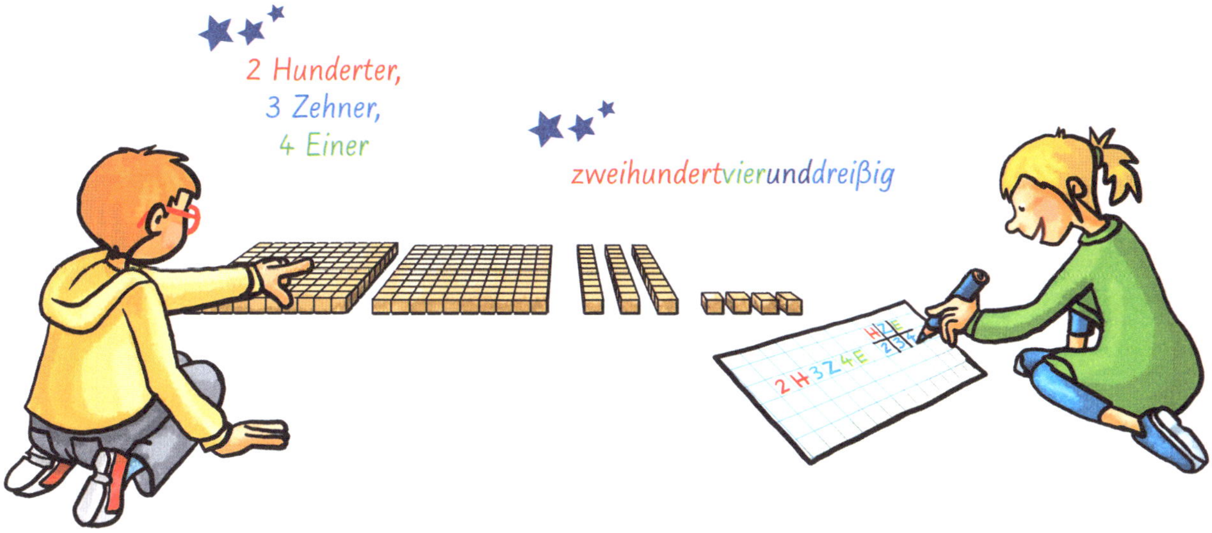

2 Bestimme für jedes Bild die Anzahl der Hunderter, Zehner und Einer.
Schreibe in eine Stellentafel.

a) 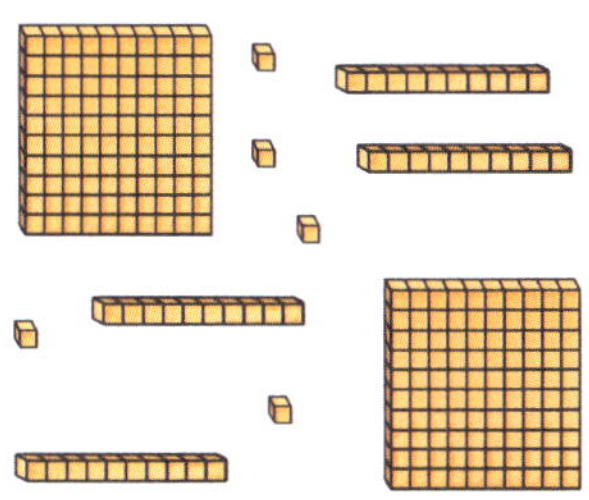

b) 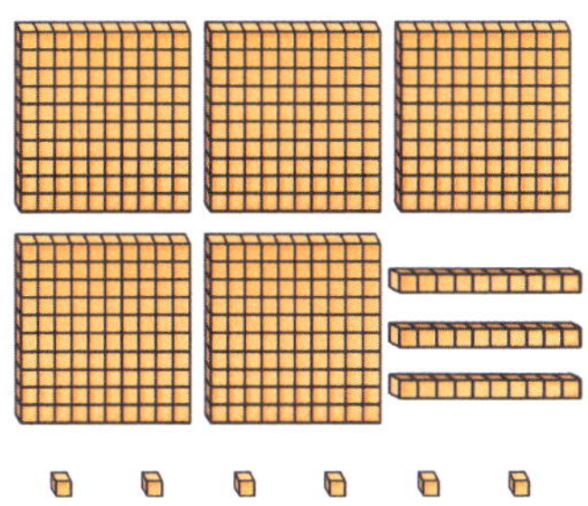

Seite 7 Aufgabe 2

a) 2 H 4 Z 5 E

H	Z	E
2	4	5

b) ...

c) 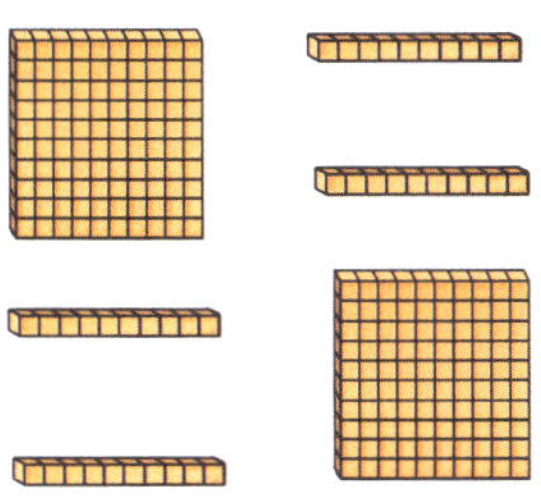

d) 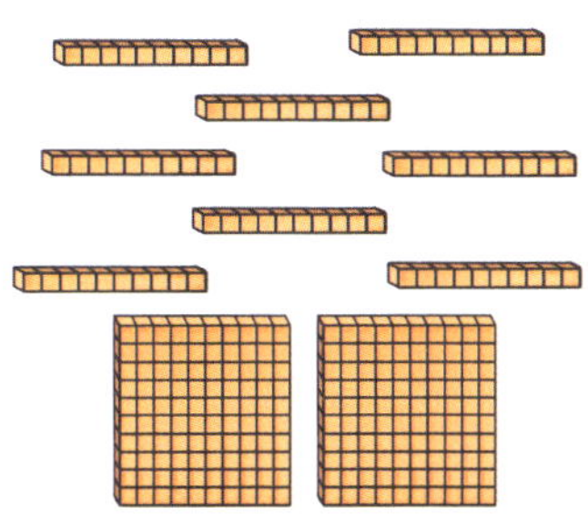

e) 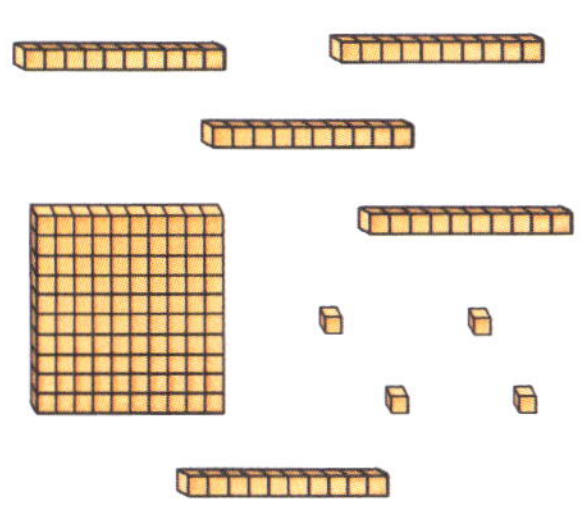

f) 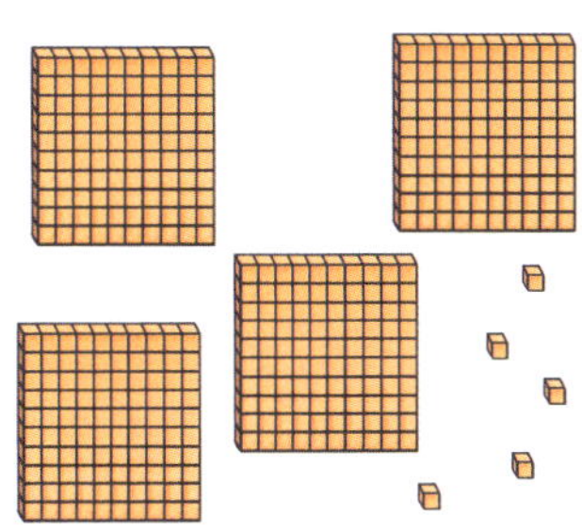

* SF: Zahlen mit Hundertern, Zehnern und Einern legen, notieren und benennen
* bildlich dargestellte dreistellige Zahlen in Stellenschreibweise und in der Stellentafel notieren

AH 4 B

Hunderter, Zehner und Einer kannst du so aufzeichnen und aufschreiben.

1 Bestimme für jedes Bild die Anzahl der Hunderter, Zehner und Einer. Schreibe in eine Stellentafel und als Zahl.

a) 

b) 

c) 

d) 

e) 

f) 

Seite 8 Aufgabe 1

a)

H	Z	E
3	4	2

3 4 2

b) ...

2 Zeichne die passenden Bilder und schreibe die Zahlen auf.

a)

H	Z	E
1	3	5

b)

H	Z	E
2	3	6

c)

H	Z	E
3	2	4

d)

H	Z	E
4	1	2

Seite 8 Aufgabe 2

a)  *1 3 5*

b) ...

3 Blitzgucken: Suche dir ein anderes Kind. Lege verdeckt eine Zahl mit Hundertern, Zehnern und Einern und zeige sie dann. Zähle dabei langsam bis drei und verdecke sie wieder. Das andere Kind nennt die gelegte Zahl. Wechselt die Rollen.

4 Überlege mit einem anderen Kind, wie ihr die Zahlen bei Aufgabe 3 legen müsst, damit ihr sie schnell erkennen könnt.

⋆ bildlich dargestellte dreistellige Zahlen in der Stellentafel und als Zahl notieren ⋆ in der Stellentafel vorgegebene Zahlen bildlich darstellen und als Zahl notieren ⋆ bei einer mit Mehrsystemmaterial gelegten Zahl einzelne Stellen erkennen und Zahl benennen

1 Suche dir ein anderes Kind.
Ein Kind gibt die Anzahl der Hunderter, Zehner und Einer vor.
Das andere Kind legt die Zahl und nennt sie.
Wechselt auch die Rollen.

2 Schreibe zu jedem Bild die Anzahl der Hunderter, Zehner und Einer.
Schreibe die Plusaufgabe dazu.

a) □□|||||....
b) □□□□|||
c) □□□||||......
d) □|||||||..
e) □□□□□....
f) □□||||||

Seite 9 Aufgabe 2
a) 2 H 5 Z 4 E
200 + 50 + 4 = 254
b) ...

3 Übertrage die Zahldarstellungen in Plusaufgaben.

a) 4 H 7 Z 3 E
b) 3 H 8 Z
c) 9 H 2 E
d) 7 H 2 Z 4 E
e) 5 H 3 Z
f) 4 H 1 E

Seite 9 Aufgabe 3
a) 400 + 70 + 3 = 473
b) ...

4 Stelle die Zahlen als Plusaufgabe dar.

a) 821
b) 903
c) 658
d) 582

Seite 9 Aufgabe 4
a) 800 + 20 + 1 = 821
b) ...

e) Wähle selbst zwei Zahlen und schreibe sie als Plusaufgabe.

* SF: Zahlen nach Angabe der Stellenwerte legen und benennen
* in bildlichen Zahldarstellungen Stellenwerte erkennen und notieren
* Stellenwerte und dreistellige Zahlen in Additionsaufgaben übertragen

ÜH 2 AH 5 B

Ich habe die Zahl 462 mit Plättchen in der Stellentafel gelegt.

1 Schreibe die dargestellten Zahlen auf.

a) 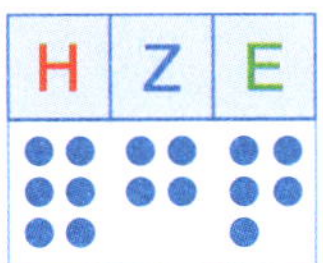

b) 

c) 

Seite 10 Aufgabe 1
a) 6 4 5 b) ...

d) 

e) 

f) 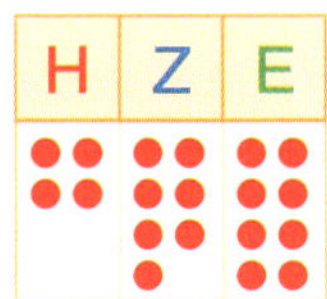

g) 

h) 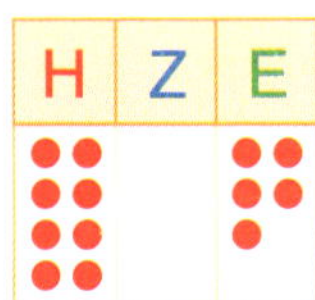

i) 

2 Zeichne, wie du die Zahlen mit Plättchen darstellst.

a) 341 b) 517 c) 402

d) 221 e) 790 f) 105

Seite 10 Aufgabe 2
a) 

b) ...

g) Wähle selbst eine Zahl. Zeichne sie in eine Stellentafel.

3 Lege jeweils die Zahl 457 in eine Stellentafel.
Lege dann in jeder Stellentafel immer an einer anderen Stelle ein Plättchen dazu.
Zeichne und schreibe auf, welche Zahlen entstehen.

Seite 10 Aufgabe 3

...

- mit Plättchen in der Stellentafel dargestellte Zahlen erkennen und notieren
- Zahlen mit Plättchen in der Stellentafel darstellen
- in der Stellentafel mit Plättchen dargestellte Zahl nach Vorgabe verändern

Zahlen in der Stellentafel darstellen und verändern

1 Notiere zuerst die abgebildete Zahl.
Schreibe dann auf, welche Zahl jeweils entsteht.

Seite 11 Aufgabe 1
6 5 4
a) ...

a) Nimm in der Hunderterspalte zwei Plättchen weg.

b) Lege in der Zehnerspalte zwei Plättchen dazu.

c) Verschiebe ein Plättchen aus der Einerspalte in die Hunderterspalte.

d) Verschiebe zwei Plättchen aus der Zehnerspalte in die Einerspalte.

2 Notiere zuerst die abgebildete Zahl.
Schreibe dann auf, welche Zahlen jeweils entstehen können.

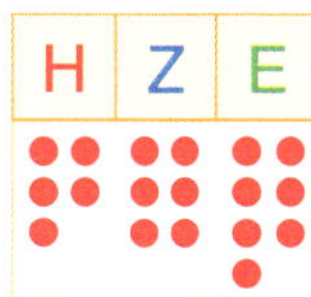

Seite 11 Aufgabe 2
...
Maja: ...
⋮

Ich nehme an einer Stelle zwei Plättchen weg.

Maja

Ich nehme an zwei verschiedenen Stellen je ein Plättchen weg.

Paul

Ich lege zwei Plättchen dazu.

Ole

Ich verschiebe ein Plättchen.

Lena

3 Schreibe auf, welche Zahlen du in der Stellentafel darstellen kannst.
Du kannst auch zuerst mit Plättchen in eine Stellentafel legen.

a) alle sechs Zahlen, die du mit zwei Plättchen darstellen kannst

Seite 11 Aufgabe 3
a) ...

b) die drei kleinsten und die drei größten Zahlen, die du mit drei Plättchen darstellen kannst

⋆ in der Stellentafel mit Plättchen dargestellte Zahlen nach Vorgabe verändern
⋆ mit vorgegebener Anzahl von Plättchen nach Bildungsvorschrift in der Stellentafel Zahlen bilden

1 Wie viele Sonnenblumenkerne hat die Sonnenblume?
Schätze und schreibe dein Ergebnis auf.
Beachte dabei Einsterns Hinweis.

Seite 12 Aufgabe 1
Ich schätze: ... Kerne.

Ich schätze: ___ Kerne.

2 Wie viele Perlen passen etwa in den Glasbehälter?
Schätze und schreibe dein Ergebnis auf.

Seite 12 Aufgabe 2
...

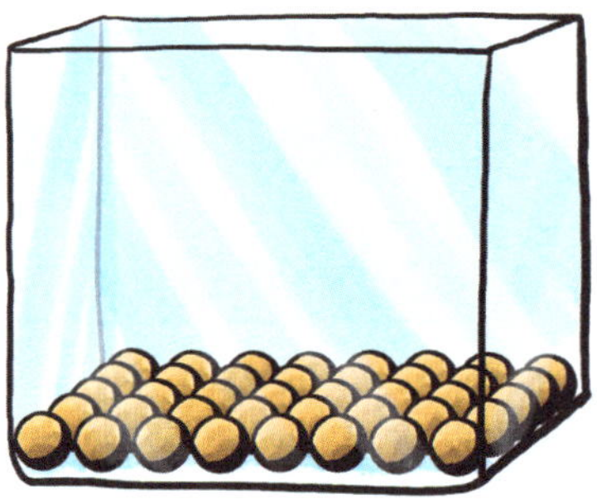

Ich schätze: ___ Perlen.

3 Vergleiche deine Vorgehensweise bei den Aufgaben 1 und 2 mit der Vorgehensweise eines anderen Kindes. Begründe dein Vorgehen.

4 Wie viele Steckwürfel passen in deine Brotdose?

a) Schätze und schreibe dein Ergebnis auf.

b) Reinige deine Brotdose und lege die Bodenfläche mit Steckwürfeln aus.
Schätze jetzt nochmal und schreibe dein Ergebnis auf.

Seite 12 Aufgabe 4
a) Ich schätze: ...
b) Ich schätze: ...
c) Ich zähle: ...

c) Fülle die Dose ganz mit Steckwürfeln. Zähle sie dabei.

d) Dieses Vorgehen kannst du auch mit anderen Gegenständen erproben.

* Anzahlen schätzen und bestimmen
* **SF:** Strategien beim Schätzen entwickeln und vergleichen

300
40
5

345

Dreihundert und vierzig und fünf sind dreihundertfünfundvierzig.

einhundert zweihundert dreihundert vierhundert fünfhundert

sechshundert siebenhundert achthundert neunhundert

zehn zwanzig dreißig vierzig fünfzig

sechzig siebzig achtzig neunzig

eins zwei drei vier fünf sechs sieben acht neun

1 Schreibe die Zahlwörter als Zahlen.

a) fünfhundertsechsundzwanzig
b) vierhundertzweiunddreißig
c) zweihundertvier
d) dreihundertneunzig
e) siebenhundertsiebenundvierzig
f) achthundertfünfundsechzig

Seite 13 Aufgabe 1
a) 5 2 6 b) ...

2 Schreibe die Zahlen als Zahlwörter.
Bitte ein anderes Kind, die Zahlwörter zu kontrollieren.

a) 234 b) 463 c) 837
d) 520 e) 601 f) 799

Seite 13 Aufgabe 2
a) zweihundertvierunddreißig
b) ...

3 Setze mit diesen Karten Zahlen aus Hundertern, Zehnern und Einern zusammen.

400 200 9 30 2 700 50

a Setze mindestens fünf Zahlen zusammen.
Schreibe sie als Zahl und als Zahlwort auf.

Seite 13 Aufgabe 3
a) ...

b Überlege, wie viele Zahlen du insgesamt bilden kannst.
Vergleiche deine Lösungen und dein Vorgehen mit denen eines anderen Kindes.

⋆ SF: Sprech- und Schreibweise von dreistelligen Zahlen bewusst machen und anwenden
⋆ Zahlen aus Hundertern, Zehnern und Einern unterschiedlich zusammensetzen

D 3

ÜH 3

2 Die Tausendertafel kennenlernen

1	2	3	4	5	6	7	8	9	10
11	12	13	14	15	16	17	18	19	20
21	22	23	24	25	26	27	28	29	30
31	32	33	34	35	36	37	38	39	40
41	42	43	44	45	46	47	48	49	50
51	52	53	54	55	56	57	58	59	60
61	62	63	64	65	66	67	68	69	70
71	72	73	74	75	76	77	78	79	80
81	82	83	84	85	86	87	88	89	90
91	92	93	94	95	96	97	98	99	100

111	112	113	114	115	116	117	118	119	120
151	152	153	154	155	156	157	158	159	160
171	172	173	174	175	176	177	178	179	180

			204					209	
211									
		223		225					
								239	
						247			
	252				256				
261							268		
			274						
		283				287			
	292						298		

501	502	503	504	505	506	507	508	509	510
511	512	513	514	515	516	517	518	519	520
521	522	523	524	525	526	527	528	529	530
531	532	533	534	535	536	537	538	539	540
541	542	543	544	545	546	547	548	549	550
551	552	553	554	555	556	557	558	559	560
561	562	563	564	565	566	567	568	569	570
571	572	573	574	575	576	577	578	579	580
581	582	583	584	585	586	587	588	589	590
591	592	593	594	595	596	597	598	599	600

		603		605		607			
		613		615		617			
		623		625		627			
		633		635		637			
		643		645		647			
		653		655		657			
		663		665		667			
		673		675		677			
		683		685		687			
		693		695		697			

701				705					
			714						
								729	
	732								
						747			
751				755					
								769	
					776				
		783							
791							798		

1 Schau dir an, wie die einzelnen Zahlen in der Tausendertafel angeordnet sind.
Betrachte
- die einzelnen Zeilen,
- die einzelnen Spalten,
- die einzelnen Hundertertafeln.

Sprich mit einem anderen Kind darüber, was dir auffällt.

2 Suche die Zahlen und schreibe sie in dein Heft.

Seite 14 Aufgabe 2
a) ...

a) alle Hunderterzahlen

b) alle Zahlen, die in der Zeile rechts neben 111 stehen

c) alle Zahlen, die in der Zeile rechts neben 211 stehen

d) alle Zahlen, die in der Zeile links neben 247 stehen

e) alle Zahlen, die in der Spalte unter 605 stehen

f) alle Zahlen, die in der Spalte unter 705 stehen

g) alle Zahlen, die in der Spalte über 798 stehen

* Aufbau und Struktur der Tausendertafel verstehen und nutzen
* SF: Aufbau und Struktur der Tausendertafel beschreiben

Zehn Hundertertafeln sind eine **Tausendertafel.**

tausend

3 Suche die Zahlen und schreibe sie auf.

a) direkt unter 314
b) direkt über 828
c) direkt rechts von 466.
d) direkt links von 910
e) 4 Kästchen unter 317
f) 5 Kästchen über 488
g) 6 Kästchen rechts von 362
h) 3 Kästchen links von 1 000
i) an der gleichen Stelle wie 873 in der Hundertertafel rechts daneben
j) an der gleichen Stelle wie 455 in der Hundertertafel links daneben

Seite 15 Aufgabe 3
a) 3 2 4 b) ...

4 Stelle einem anderen Kind Fragen zur Tausendertafel. Wechselt die Rollen.

* Aufbau und Struktur der Tausendertafel verstehen und nutzen
* SF: Fragen zur Tausendertafel formulieren

2 Zahlen in Hundertertafeln bestimmen

1 Bestimme die Zahlen, an deren Stellen Zeichen stehen.

401	402	403	404	405	406	407	408	409	410
▲	412								★
▲		■	■	■	■	427		★	
▲							★		440
▲						★	448		
	●			455					
	462	●			◆	◆	◆	◆	▼
			●					479	▼
			484	●					▼
							498		▼

Seite 16 Aufgabe 1

□ 4 2 3, ...

◇ ...

△ ...

▽ ...

○ ...

☆ ...

2 Bestimme die Zahlen, an deren Stellen Buchstaben stehen.

	A								
					B				C
	722		D				728		
		E							
F			744	745	746				
	G		754	755	756				H
						I			
	772		J				778		
				K					
		L							

Seite 16 Aufgabe 2

A 7 0 2 B ...

★ Kenntnisse über Aufbau und Struktur der Tausendertafel beim Bestimmen einzelner Zahlen anwenden

eine ***Hundertertafel*** *–*
ein Ausschnitt aus der
Tausendertafel

501	502	503	504	505	506	507	508	509	510
511	512	513	514	515	516	517	518	519	520
521	522	523	524	525	526	527	528	529	530
531	532	533	534	535	536	537	538	539	540
541	542	543	544	545	546	547	548	549	550
551	552	553	554	555	556	557	558	559	560
561	562	563	564	565	566	567	568	569	570
571	572	573	574	575	576	577	578	579	580
581	582	583	584	585	586	587	588	589	590
591	592	593	594	595	596	597	598	599	600

1 Suche die Zahlen in der abgebildeten Hundertertafel und schreibe sie auf.

a) alle Zahlen, die 3 Einer haben

b) alle Zahlen, die 5 Zehner haben

c) alle Zahlen, bei denen Zehner und Einer gleich sind

Seite 17 Aufgabe 1
a) 5 0 3 , 5 1 3 , ...
b) ...

2 Bestimme die Anzahlen und schreibe sie auf.
Du kannst auch auf die Seiten 14 und 15 schauen.

a) Anzahl von Zahlen mit 8 Zehnern in einer Hundertertafel

b) Anzahl von Zahlen mit 8 Zehnern in der Tausendertafel

c) Anzahl von Zahlen mit 6 Einern in einer Hundertertafel

d) Anzahl von Zahlen mit 6 Einern in der Tausendertafel

Seite 17 Aufgabe 2
a) ...

3 Löse die Zahlenrätsel.

Bei meinen Zahlen sind Hunderter, Zehner und Einer jeweils gleich.

Ich starte bei 156. Meine Zahl liegt 5 Hundertertafeln weiter an der gleichen Stelle.

Seite 17 Aufgabe 3
Sofie: ...
Patrick: ...

⋆ Kenntnisse über Aufbau und Struktur der Tausendertafel beim Bestimmen von Zahlen mit vorgegebenen Eigenschaften nutzen ⋆ Kenntnisse über Aufbau und Struktur der Tausendertafel beim Lösen von Zahlenrätseln nutzen

Zahlen am Zahlenstrahl ablesen

Das ist ein Ausschnitt aus dem **Zahlenstrahl.**

1 Schreibe die markierten Zahlen auf.

a)
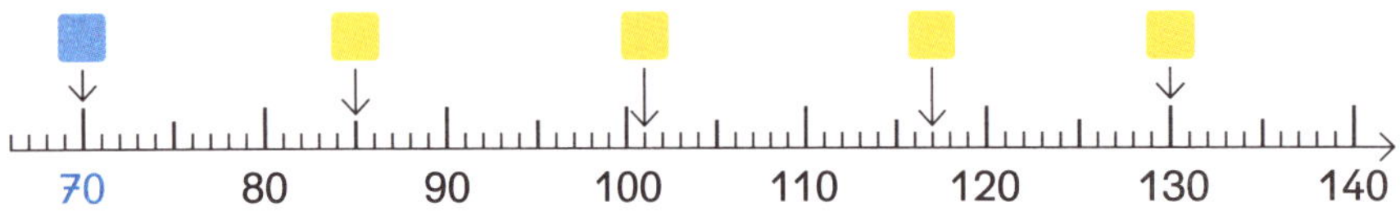

b)
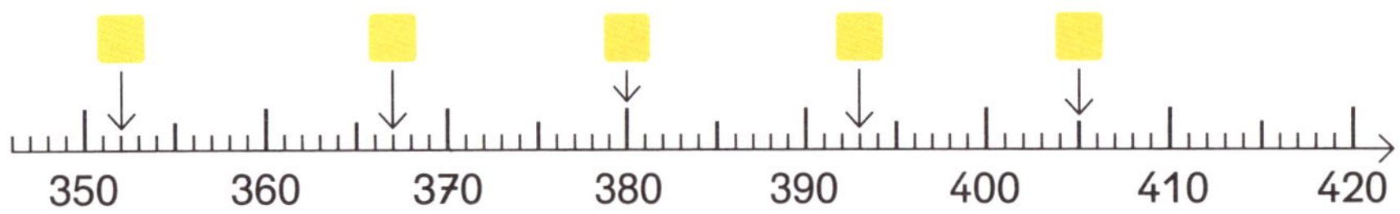

c)
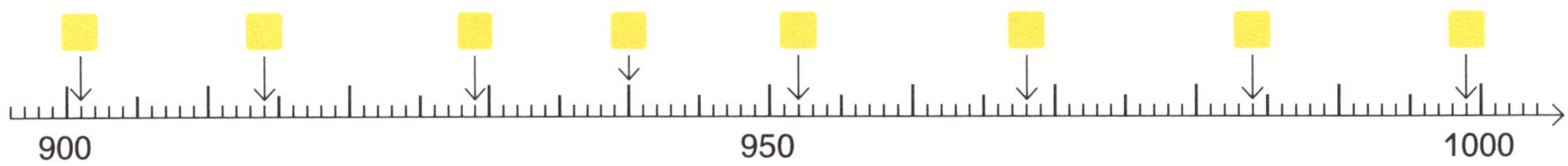

Seite 18 Aufgabe 1
a) 7 0, ...
b) ...

2 Überlege, welche Zahlen markiert sind. Schreibe sie auf.

a)

b)
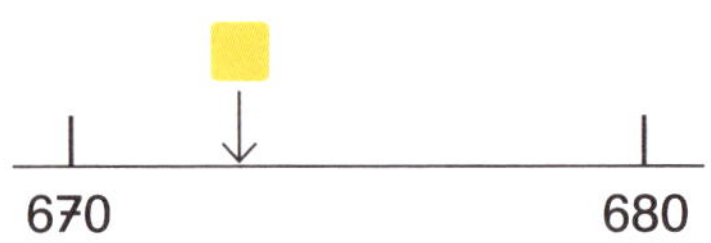

c)
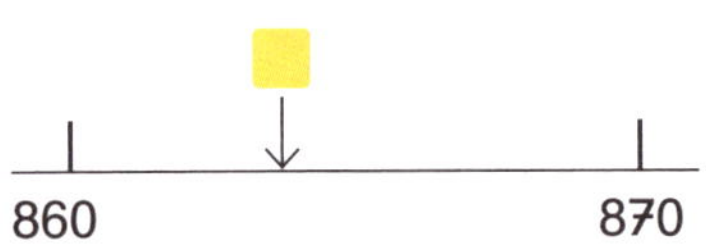

d)

e)
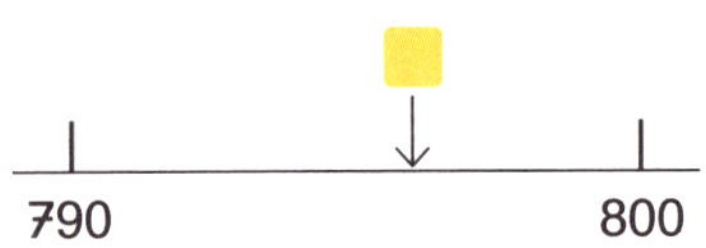

f)

Seite 18 Aufgabe 2
a) ...

3 Bestimme die Zahl, die genau in der Mitte zwischen den beiden Zahlen liegt.

a)
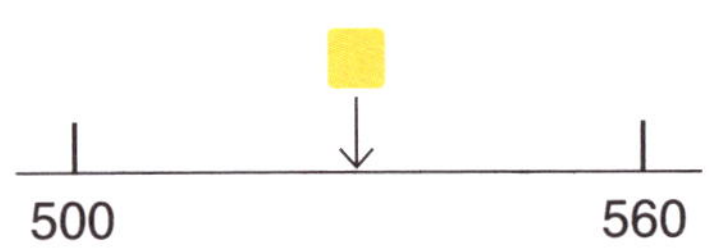

b)
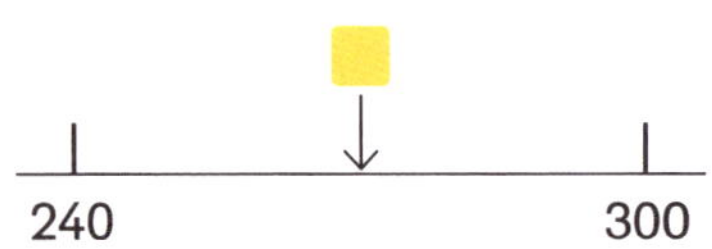

c)
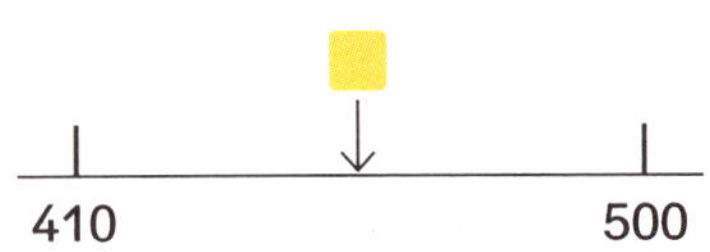

d)
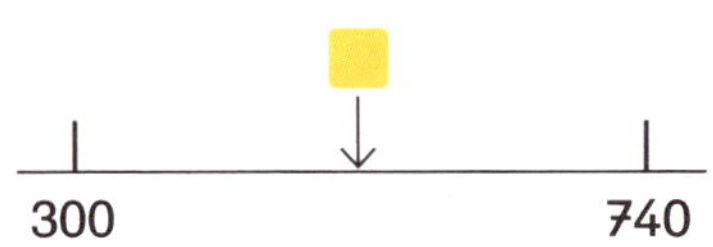

Seite 18 Aufgabe 3
a) ...

AH 7

- ★ Zahlen am Zahlenstrahl ablesen
- ★ Zehner- und Fünfermarkierungen verstehen und nutzen
- ★ am Zahlenstrich dargestellte Zahlen ermitteln

1 Schreibe die Nachbarzehner auf.

a) 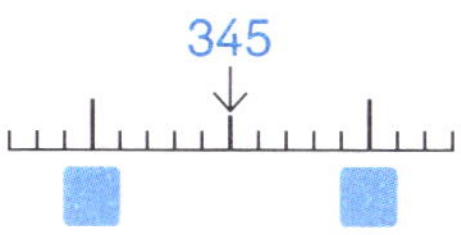

b) 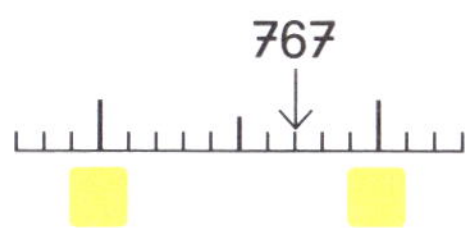

c) 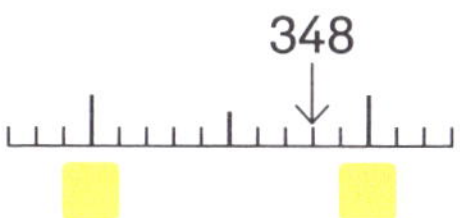

d) 

e) 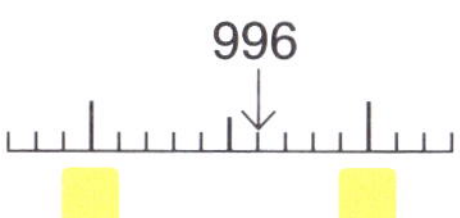

f) 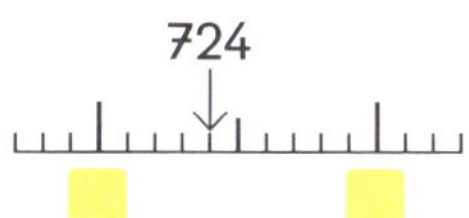

g) 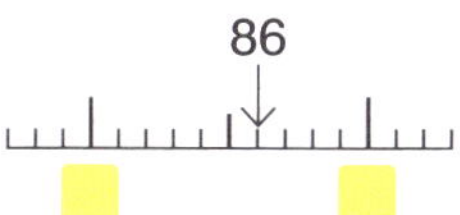

h) 

Seite 19 Aufgabe 1
a) 3 4 0, 3 5 0
b) ...

340 und 350 sind die **Nachbarzehner** von 345.

300 und 400 sind die **Nachbarhunderter** von 345.

2 Schreibe die Nachbarhunderter auf.

a) 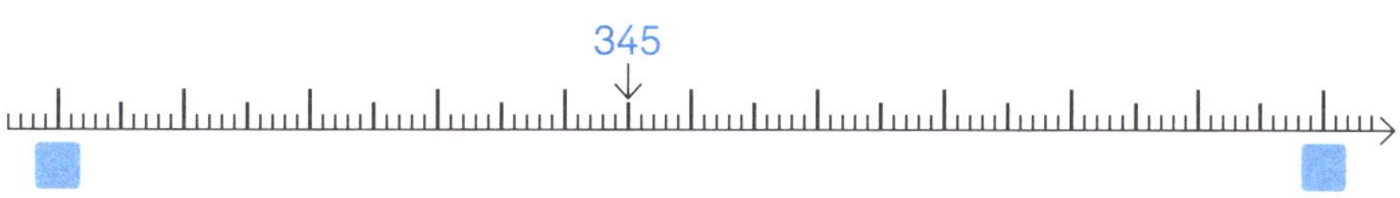

b) 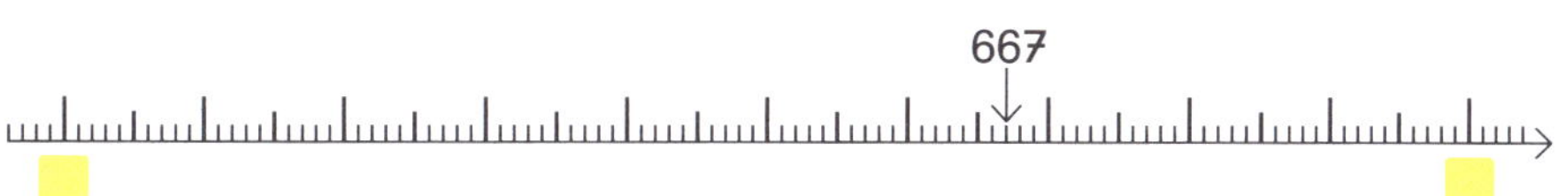

c) 

d) 

e) 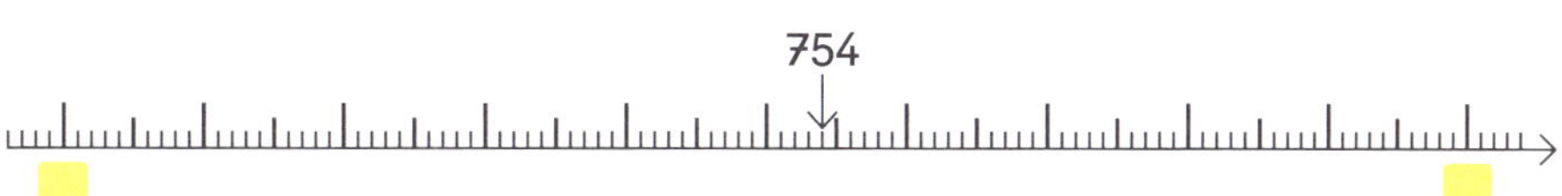

f) 

Seite 19 Aufgabe 2
a) 3 0 0, 4 0 0
b) ...

★ Nachbarzehner und Nachbarhunderter an Zahlenstrahlausschnitten ablesen

1 Suche dir ein anderes Kind. Schreibt abwechselnd Zahlen zwischen 100 und 1000 auf. Ein Kind nennt zu jeder Zahl Vorgänger, Nachfolger und die Nachbarzehner. Das andere Kind nennt die Nachbarhunderter. Wechselt euch ab.

Vorgänger und Nachfolger sind 237 und 239. Die Nachbarzehner sind 230 und 240.

226	227	228	229	230
236	237	238	239	240
246	247	248	249	250

Die Nachbarhunderter sind 200 und 300.

200 — 238 — 300

2 Bestimme Vorgänger und Nachfolger.

a) ■ 437 ■ b) ■ 578 ■ c) ■ 399 ■

d) ■ 800 ■ e) ■ 289 ■ f) ■ 704 ■

Seite 20 Aufgabe 2
a) 4 3 6, ...
b) ...

3 Bestimme die Nachbarzehner.

a) ■ 635 ■ b) ■ 758 ■ c) ■ 371 ■

d) ■ 499 ■ e) ■ 803 ■ f) ■ 246 ■

Seite 20 Aufgabe 3
a) 6 3 0, ...
b) ...

4 Bestimme die Nachbarhunderter.

a) ■ 376 ■ b) ■ 192 ■ c) ■ 654 ■

d) ■ 589 ■ e) ■ 875 ■ f) ■ 245 ■

Seite 20 Aufgabe 4
a) 3 0 0, ...
b) ...

5 Schreibe neun Zahlen auf, die ...

a) ... 360 und 370 als Nachbarzehner haben.

b) ... 800 und 900 als Nachbarhunderter haben.

Seite 20 Aufgabe 5
a) ...

ÜH 6

★ Vorgänger, Nachfolger, Nachbarzehner und Nachbarhunderter bestimmen
★ zu vorgegebenen Nachbarzehnern und Nachbarhundertern dazwischen liegende Zahlen finden

1 Suche dir ein anderes Kind.
Schreibt beide eine dreistellige Zahl auf einen Zettel. Vergleicht die Zahlen.
Verwendet die Zeichen <, > und =.

2 Setze die Zeichen <, > oder = passend ein.

a)	b)	c)
658 ● 713	791 ● 692	410 ● 287
319 ● 299	123 ● 213	732 ● 724
524 ● 542	809 ● 809	645 ● 654

Seite 21 Aufgabe 2
a) 6 5 8 < 7 1 3
⋮
b) ...

3 Setze passende Zahlen ein.

a)	b)	c)
903 > ■	148 = ■	599 < ■
742 < ■	802 > ■	635 = ■
237 = ■	586 < ■	69 > ■

Seite 21 Aufgabe 3
a) 9 0 3 > ...
⋮
b) ...

4 Setze passende Zahlen ein.
Finde jeweils drei verschiedene Lösungen.

a) 512 < ■ b) 148 > ■ c) 782 < ■ < 791

Seite 21 Aufgabe 4
a) 5 1 2 < ...
⋮
b) ...

5 Ordne die Zahlen der Größe nach.

a) Beginne mit der kleinsten Zahl.

312 203 263 623
302 321 326 236

b) Beginne mit der größten Zahl.

443 487 573 375
490 478 357 537

Seite 21 Aufgabe 5
a) 2 0 3 < ...
⋮
b) 4 9 0 > ...
⋮

- ★ Zahlen vergleichen und passende Relationszeichen notieren
- ★ zu vorgegebenen Ungleichungen passende Zahlen finden
- ★ Zahlen der Größe nach ordnen

1 Suche dir ein anderes Kind.
Wählt eine Zahl zwischen 100 und 1 000 aus.
Bestimmt, wie ihr zählen wollt: vorwärts oder rückwärts, in Einer-, Zehner- oder Hunderterschritten.
Zählt abwechselnd.
Wählt dann eine neue Startzahl.

2 Setze die Zahlenfolgen fort.

a)	294	295	296					301
b)	736	746	756					806
c)	97	197	297					797
d)	406	405	404					399
e)	542	532	522					472
f)	703	603	503					3

Seite 22 Aufgabe 2
a) 2 9 4, 2 9 5, 2 9 6, 2 9 7, ...
b) ...

3 Ergänze die Zahlenfolgen.

a)			597	598	599			
b)			719	729	739			
c)			311	411	511			
d)						806	807	808
e)						415	425	435
f)						554	654	754

Seite 22 Aufgabe 3
a) ...

★ Zahlenfolgen mit verschiedenen Schrittfolgen vorwärts und rückwärts bilden
★ Zahlenfolgen mit verschiedenen Schrittfolgen vorwärts und rückwärts ergänzen

1 Setze die Zahlenfolgen fort.

a)	492	494	496					
b)	605	610	615					
c)	327	347	367					
d)	121	171	221					
e)	508	506	504					
f)	835	830	825					
g)	466	446	426					
h)	862	812	762					

Seite 23 Aufgabe 1

a) 4 9 2, 4 9 4, 4 9 6, 4 9 8, ...

b) ...

2 Überlege, wie die Zahlenfolgen gebildet werden. Setze sie fort.

a)	224	225	227	230				
b)	507	517	537	567				
c)	365	364	362	359				
d)	999	989	969	939				
e)	642	647	644	649				
f)	198	188	190	180				

Seite 23 Aufgabe 2

a) 2 2 4 $\xrightarrow{+1}$ 2 2 5 $\xrightarrow{+2}$ 2 2 7 $\xrightarrow{+\dots}$ ...

b) ...

⋆ **MK:** Schrittfolgen und Strukturen bei besonderen Zahlenfolgen erkennen und diese fortsetzen

1 Schreibe die Zahlen auf, die du mit diesen Ziffernkärtchen legen kannst. 3 5 7

a) alle Zahlen zwischen 1 und 10

b) alle Zahlen zwischen 10 und 100

c) alle Zahlen zwischen 100 und 1000

Seite 24 Aufgabe 1
a) 3, 5, …
b) …

*213 ist eine **dreistellige Zahl**. Sie hat Hunderter, Zehner und Einer.*

*58 ist eine **zweistellige Zahl**. Sie hat nur Zehner und Einer.*

2 Schreibe die gesuchten Zahlen auf, die du mit diesen fünf Ziffernkärtchen legen kannst. 1 2 3 5 8

a) die kleinste und die größte dreistellige Zahl

b) die Zahl, die am nächsten bei 500 liegt

c) die beiden zweistelligen Zahlen, die auf dem Zahlenstrahl am weitesten voneinander entfernt liegen

d) die beiden zweistelligen Zahlen, die auf dem Zahlenstrahl am nächsten beieinander liegen

e) Besprich deine Ergebnisse mit einem anderen Kind.

Seite 24 Aufgabe 2
a) …

3 Finde gemeinsam mit einem anderen Kind zwei Zahlen, die auf dem Zahlenstrahl gleich weit von 430 entfernt sind. Notiert fünf Beispiele.

Seite 24 Aufgabe 3
4 2 8, 4 3 0, 4 3 2
⋮

★ nach Vorgabe aus Ziffernkärtchen Zahlen bilden
★ zu einer vorgegebenen Zahl jeweils auf dem Zahlenstrahl gleich weit entfernte Zahlen ermitteln, verschiedene Lösungen finden

1 Rechne im Kopf.

a) 46 + 30 = ☐
53 + 40 = ☐
61 + 20 = ☐
35 + 50 = ☐

b) 59 – 40 = ☐
78 – 50 = ☐
43 – 30 = ☐
81 – 20 = ☐

Seite 25 Aufgabe 1
a) 7 6 , ... b) ...

2 Finde und löse zuerst die kleine Aufgabe.

a) 42 + 7 = ☐
61 + 5 = ☐
53 + 4 = ☐

b) 39 – 9 = ☐
78 – 5 = ☐
97 – 3 = ☐

Seite 25 Aufgabe 2
a) 2 + 7 = 9 ...
4 2 + 7 = ...
b) ...

3 Löse die Aufgaben.
Schreibe deine Rechenschritte auf.

a) 62 + 26 = ☐
☐ + ☐ = ☐
☐ + ☐ = ☐

b) 74 + 15 = ☐
☐ + ☐ = ☐
☐ + ☐ = ☐

c) 76 – 33 = ☐
☐ – ☐ = ☐
☐ – ☐ = ☐

d) 89 – 42 = ☐
☐ – ☐ = ☐
☐ – ☐ = ☐

Seite 25 Aufgabe 3
a) 6 2 + 2 6 = ...
6 2 + ...
...
b) ...

4 Rechne mit deinen Rechenschritten im Kopf.
Schreibe die Ergebnisse auf.

a) 32 + 43 = ☐
21 + 27 = ☐
44 + 51 = ☐
56 + 23 = ☐

b) 68 – 34 = ☐
55 – 33 = ☐
79 – 61 = ☐
46 – 21 = ☐

Seite 25 Aufgabe 4
a) 7 5 , ... b) ...

★ Additions- und Subtraktionsaufgaben bis 100 lösen: mit Zehnerzahlen, mithilfe der kleinen Aufgaben, in Schritten, im Kopf

1 Suche dir ein anderes Kind. Legt und löst Plusaufgaben mit Hunderterzahlen.

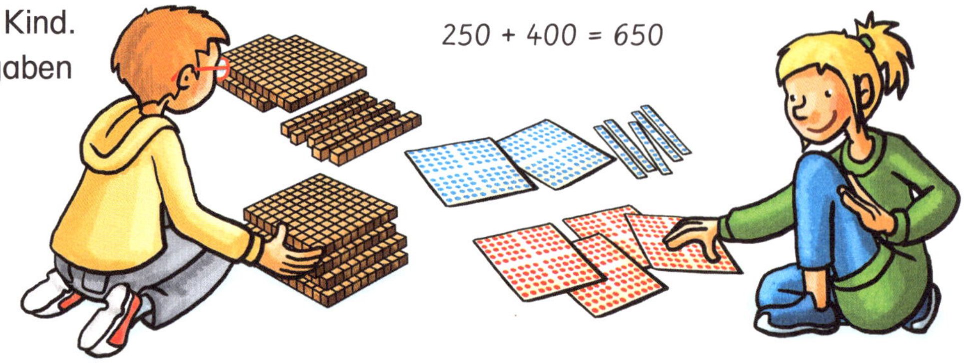

2 Schreibe zu den Bildern Plusaufgaben.

a) 

b) 

c) 

d) 

e) 

f) 

g) 

h) 

i) 

j) 

k) 

l) 

Seite 26 Aufgabe 2

a) 200 + 400 = 600

b) ...

3 Löse die Aufgaben. Schreibe die Ergebnisse auf.
Du kannst die Aufgaben auch legen oder zeichnen.

a) 200 + 300 = ▢
400 + 500 = ▢
500 + 200 = ▢

b) 520 + 300 = ▢
710 + 200 = ▢
350 + 100 = ▢

c) 478 + 100 = ▢
581 + 400 = ▢
652 + 200 = ▢

d) 200 + 600 = ▢
470 + 500 = ▢
723 + 200 = ▢

Seite 26 Aufgabe 3

a) 500, ... b) ...

- ★ Additionsaufgaben mit Hundertern legen
- ★ Rechenbilder in Additionsaufgaben übertragen
- ★ Additionsaufgaben lösen

Plusaufgaben mit Hundertern und Zehnern mithilfe verwandter Aufgaben lösen

245 + 50 =	324 + 260 =
40 + 50 = 90	20 + 60 = 80
45 + 50 = 95	24 + 60 = 84
245 + 50 = 295	324 + 60 = 384
	324 + 260 = 584

Hier helfen mir die ***verwandten Aufgaben.***

1 Löse die verwandten Aufgaben.

a) 30 + 40 =
36 + 40 =
536 + 40 =

b) 50 + 30 =
52 + 30 =
152 + 30 =

Seite 27 Aufgabe 1
a) 30 + 40 = 70
36 + 40 = 76
536 + 40 = ...
b) ...

2 Finde und löse zuerst die zwei kleinen Aufgaben.

a) 758 + 20 =
b) 423 + 60 =
c) 521 + 30 =
d) 647 + 20 =

Seite 27 Aufgabe 2
a) 50 + 20 = 70
⋮
b) ...

3 Löse die verwandten Aufgaben.

a) 30 + 50 =
36 + 50 =
636 + 50 =
636 + 250 =

b) 60 + 30 =
65 + 30 =
465 + 30 =
465 + 530 =

Seite 27 Aufgabe 3
a) 30 + 50 = 80
⋮
b) ...

4 Finde und löse zuerst die drei kleinen Aufgaben.

a) 526 + 340 =
b) 435 + 250 =
c) 618 + 120 =
d) 257 + 340 =

Seite 27 Aufgabe 4
a) 20 + 40 = 60
⋮
b) ...

- Additionsaufgaben mithilfe verwandter Aufgaben lösen
- verwandte Aufgaben finden und als Rechenhilfe nutzen
- MK: Strukturen erkennen und nutzen

3 Plusaufgaben mit Hundertern und Zehnern in Schritten lösen

1 Suche dir ein anderes Kind.
Legt die Plusaufgaben
wie Lea und Tim.

235 + 340 541 + 150

156 + 210 327 + 120

442 + 230 253 + 330

2 Rechne wie Lea.
Schreibe die Rechenschritte auf.

a)  b) 

c)  d) 

Seite 28 Aufgabe 2
a) 3 3 2 + 1 2 0 = ...
3 3 2 + 1 0 0 = 4 3 2
4 3 2 + 2 0 = 4 5 2
b) ...

3 Rechne wie Tim.
Schreibe die Rechenschritte auf.

a)  b) 

c) 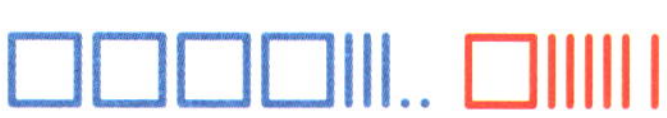 d) 

Seite 28 Aufgabe 3
a) 3 6 1 + 2 2 0 = ...
3 6 1 + 2 0 = 3 8 1
3 8 1 + 2 0 0 = 5 8 1
b) ...

4 Löse die Aufgaben. Schreibe deine Rechenschritte auf.

a) 767 + 210 = ▢
▢ + ▢ = ▢
▢ + ▢ = ▢

b) 578 + 320 = ▢
▢ + ▢ = ▢
▢ + ▢ = ▢

Seite 28 Aufgabe 4
a) 7 6 7 + 2 1 0 = ...
...
b) ...

5 Löse die Aufgaben.
Rechne mit deinen Rechenschritten im Kopf.

a) 428 + 340 = ▢
217 + 670 = ▢

b) 231 + ▢ = 681
458 + ▢ = 678

Seite 28 Aufgabe 5
a) 4 2 8 + 3 4 0 = ...
⋮
b) ...

★ Additionsaufgaben in zwei Schritten lösen
★ die beiden Rechenschritte notieren
★ schrittweise im Kopf rechnen

1 Suche dir ein anderes Kind.
Legt die Plusaufgaben
wie Lea und Tim.

243 + 35	524 + 21
617 + 72	465 + 32
136 + 43	851 + 14

*Ich lege zuerst die **Zehner** dazu, dann die **Einer**.*

*Ich lege zuerst die **Einer** dazu, dann die **Zehner**.*

2 Rechne wie Lea.
Schreibe die Rechenschritte auf.

a) 

b) 

c) 

d) 

Seite 29 Aufgabe 2

a) 3 2 4 + 3 2 = ...

3 2 4 + 3 0 = 3 5 4

3 5 4 + 2 = 3 5 6

b) ...

3 Rechne wie Tim.
Schreibe die Rechenschritte auf.

a) 

b) 

c) 

d) 

Seite 29 Aufgabe 3

a) 4 3 1 + 1 3 = ...

4 3 1 + 3 = 4 3 4

4 3 4 + 1 0 = 4 4 4

b) ...

4 Löse die Aufgaben. Schreibe deine Rechenschritte auf.

a) 452 + 36 = ■
■ + ■ = ■
■ + ■ = ■

b) 546 + 51 = ■
■ + ■ = ■
■ + ■ = ■

Seite 29 Aufgabe 4

a) 4 5 2 + 3 6 = ...

...

b) ...

5 Löse die Aufgaben.
Rechne mit deinen Rechenschritten im Kopf.

a) 235 + 43 = ■
481 + 15 = ■

b) 623 + ■ = 654
745 + ■ = 789

Seite 29 Aufgabe 5

a) 2 3 5 + 4 3 = ...

⋮

b) ...

* Additionsaufgaben in zwei Schritten lösen
* die beiden Rechenschritte notieren
* schrittweise im Kopf rechnen

ÜH 11 AH 12 B

Minusaufgaben mit Hundertern legen, zeichnen und lösen

1 Suche dir ein anderes Kind.
Legt und löst Minusaufgaben
mit Hunderterzahlen.

540 − 200 = 340

2 Schreibe zu den Bildern Minusaufgaben.

a) 
b) 
c) 
d) 
e) 
f) 
g) 
h) 
i) 
j) 
k) 
l) 

Seite 30 Aufgabe 2
a) 700 − 400 = 300
b) ...

3 Löse die Aufgaben. Schreibe die Ergebnisse auf.
Du kannst die Aufgaben auch legen oder zeichnen.

a) 800 − 300 = ▢
700 − 400 = ▢
500 − 100 = ▢

b) 640 − 400 = ▢
780 − 200 = ▢
450 − 100 = ▢

c) 578 − 300 = ▢
683 − 200 = ▢
835 − 400 = ▢

d) 1000 − 200 = ▢
960 − 300 = ▢
752 − 500 = ▢

Seite 30 Aufgabe 3
a) 500, ... b) ...

★ Subtraktionsaufgaben mit Hundertern legen
★ Rechenbilder in Subtraktionsaufgaben übertragen
★ Subtraktionsaufgaben lösen

Minusaufgaben mit Hundertern und Zehnern mithilfe verwandter Aufgaben lösen

372 – 50 = ☐	564 – 230 = ☐
70 – 50 = 20	60 – 30 = 30
72 – 50 = 22	64 – 30 = 34
372 – 50 = 322	564 – 30 = 534
	564 – 230 = 334

Hier helfen mir die verwandten Aufgaben.

1 Löse die verwandten Aufgaben.

a) 80 – 50 = ☐
86 – 50 = ☐
786 – 50 = ☐

b) 70 – 40 = ☐
78 – 40 = ☐
678 – 40 = ☐

Seite 31 Aufgabe 1
a) 80 – 50 = 30
86 – 50 = 36
786 – 50 = ...
b) ...

2 Finde und löse zuerst die zwei kleinen Aufgaben.

a) 563 – 40 = ☐
b) 845 – 30 = ☐
c) 972 – 50 = ☐
d) 395 – 20 = ☐

Seite 31 Aufgabe 2
a) 60 – 40 = 20
⋮
b) ...

3 Löse die verwandten Aufgaben.

a) 80 – 70 = ☐
82 – 70 = ☐
482 – 70 = ☐
482 – 270 = ☐

b) 90 – 50 = ☐
94 – 50 = ☐
694 – 50 = ☐
694 – 250 = ☐

Seite 31 Aufgabe 3
a) 80 – 70 = 10
⋮
b) ...

4 Finde und löse zuerst die drei kleinen Aufgaben.

a) 982 – 120 = ☐
b) 745 – 540 = ☐
c) 571 – 230 = ☐
d) 857 – 320 = ☐

Seite 31 Aufgabe 4
a) 80 – 20 = 60
⋮
b) ...

- Subtraktionsaufgaben mithilfe verwandter Aufgaben lösen
- verwandte Aufgaben finden und als Rechenhilfe nutzen
- MK: Strukturen erkennen und nutzen

1 Suche dir ein anderes Kind.
Legt die Minusaufgaben
wie Lea und Tim.

542 – 230 672 – 420
486 – 360 751 – 540
364 – 210 579 – 350

Ich nehme zuerst die **Hunderter** weg, dann die **Zehner**.

Ich nehme zuerst die **Zehner** weg, dann die **Hunderter**.

2 Rechne wie Lea.
Schreibe die Rechenschritte auf.

a) 

b) 

c) 

d) 

Seite 32 Aufgabe 2
a) 5 7 3 – 3 2 0 = ...
5 7 3 – 3 0 0 = 2 7 3
2 7 3 – 2 0 = 2 5 3
b) ...

3 Rechne wie Tim.
Schreibe die Rechenschritte auf.

a) 

b) 

c) 

d) 

Seite 32 Aufgabe 3
a) 5 8 6 – 4 5 0 = ...
5 8 6 – 5 0 = 5 3 6
5 3 6 – 4 0 0 = 1 3 6
b) ...

4 Löse die Aufgaben. Schreibe deine Rechenschritte auf.

a) 357 – 230 = ▢
▢ – ▢ = ▢
▢ – ▢ = ▢

b) 591 – 160 = ▢
▢ – ▢ = ▢
▢ – ▢ = ▢

Seite 32 Aufgabe 4
a) 3 5 7 – 2 3 0 = ...
...
b) ...

5 Löse die Aufgaben.
Rechne mit deinen Rechenschritten im Kopf.

a) 732 – 220 = ▢
674 – 450 = ▢

b) 883 – ▢ = 263
557 – ▢ = 347

Seite 32 Aufgabe 5
a) 7 3 2 – 2 2 0 = ...
⋮
b) ...

* Subtraktionsaufgaben in zwei Schritten lösen
* die beiden Rechenschritte notieren
* schrittweise im Kopf rechnen

1 Suche dir ein anderes Kind.
Legt die Minusaufgaben
wie Lea und Tim.

457 – 34   786 – 41

568 – 27   379 – 65

645 – 23   834 – 22

★★ *Ich nehme zuerst die **Zehner** weg, dann die **Einer**.*

★★ *Ich nehme zuerst die **Einer** weg, dann die **Zehner**.*

2 Rechne wie Lea.
Schreibe die Rechenschritte auf.

a) 

b) 

c) 

d) 

Seite 33 Aufgabe 2

a) 3 5 6 – 2 3 = …

3 5 6 – 2 0 = 3 3 6

3 3 6 – 3 = 3 3 3

b) …

3 Rechne wie Tim.
Schreibe die Rechenschritte auf.

a) 

b) 

c) 

d) 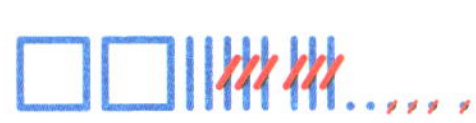

Seite 33 Aufgabe 3

a) 5 3 8 – 2 5 = …

5 3 8 – 5 = 5 3 3

5 3 3 – 2 0 = 5 1 3

b) …

4 Löse die Aufgaben. Schreibe deine Rechenschritte auf.

a) 876 – 32 = ■
■ – ■ = ■
■ – ■ = ■

b) 957 – 24 = ■
■ – ■ = ■
■ – ■ = ■

Seite 33 Aufgabe 4

a) 8 7 6 – 3 2 = …

…

b) …

5 Löse die Aufgaben.
Rechne mit deinen Rechenschritten im Kopf.

a) 892 – 41 = ■
378 – 32 = ■

b) 479 – ■ = 444
557 – ■ = 530

Seite 33 Aufgabe 5

a) 8 9 2 – 4 1 = …

⋮

b) …

* Subtraktionsaufgaben in zwei Schritten lösen
* die beiden Rechenschritte notieren
* schrittweise im Kopf rechnen

ÜH 14   AH 15   B

1 Löse die Kettenaufgaben.
Schreibe die Ergebnisse auf.

a) 236 —+ 300→ □ —+ 200→ □ —+ 100→ □

b) 921 —– 500→ □ —– 100→ □ —– 300→ □

c) 63 —+ 400→ □ —– 300→ □ —+ 500→ □

d) 815 —+ 20→ □ —+ 40→ □ —+ 10→ □

e) 392 —– 40→ □ —– 10→ □ —– 30→ □

f) 547 —– 30→ □ —+ 60→ □ —– 40→ □

Seite 34 Aufgabe 1
a) 5 3 6, ...
b) ...

2 Löse die Aufgaben.
Schreibe deine Rechenschritte auf.

a) 528 + 360 = □
□ + □ = □
□ + □ = □

b) 625 + 240 = □
□ + □ = □
□ + □ = □

c) 846 – 430 = □
□ – □ = □
□ – □ = □

d) 947 – 710 = □
□ – □ = □
□ – □ = □

Seite 34 Aufgabe 2
a) 5 2 8 + 3 6 0 = ...
5 2 8 + ...
...
b) ...

3 Löse die Aufgaben.
Schreibe deine Rechenschritte auf.

a) 436 + 53 = □
□ + □ = □
□ + □ = □

b) 827 + 42 = □
□ + □ = □
□ + □ = □

c) 798 – 54 = □
□ – □ = □
□ – □ = □

d) 968 – 25 = □
□ – □ = □
□ – □ = □

Seite 34 Aufgabe 3
a) 4 3 6 + 5 3 = ...
4 3 6 + ...
...
b) ...

★ Kettenaufgaben mit Hundertern und Zehnern lösen
★ den eigenen Rechenweg finden und notieren

1 Löse die Aufgabenreihen. Setze die Reihen fort.

a) 137 + 20 = ▢
137 + 220 = ▢
137 + 420 = ▢
▢ + ▢ = ▢
▢ + ▢ = ▢

b) 641 + 130 = ▢
541 + 230 = ▢
441 + 330 = ▢
▢ + ▢ = ▢
▢ + ▢ = ▢

c) 968 – 30 = ▢
968 – 130 = ▢
968 – 230 = ▢
▢ – ▢ = ▢
▢ – ▢ = ▢

d) 675 – 550 = ▢
575 – 450 = ▢
475 – 350 = ▢
▢ – ▢ = ▢
▢ – ▢ = ▢

Seite 35 Aufgabe 1
a) 137 + 20 = …
⋮
b) …

2 Ergänze die Zahlenmauern.
Rechne mit deinen Rechenschritten im Kopf.

a)

b)

Seite 35 Aufgabe 2
a)

	…	
…		…
218	130	410

b) …

3 Löse die Aufgaben.
Rechne mit deinen Rechenschritten im Kopf.
Kontrolliere die Ergebnisse.
Die Lösungszahlen findest du in den Sternen.

a) 724 + 55 = ▢
952 + 36 = ▢
521 + 78 = ▢
231 + 49 = ▢

b) 459 – 26 = ▢
837 – 25 = ▢
786 – 56 = ▢
974 – 33 = ▢

280 599 779 988 433 730 812 941

Seite 35 Aufgabe 3
a) 724 + 55 = 779
⋮
b) …

* MK: Strukturen in Aufgabenreihen erkennen * Aufgabenreihen lösen und fortsetzen
* Zahlenmauern ergänzen
* Aufgaben im Kopf lösen, Ergebnisse kontrollieren

1 Finde zu jeder Rechengeschichte (G) und Frage (F) eine passende Rechnung (R) und Antwort (A).

Seite 36 Aufgabe 1
a) R: ...
A: ...
b) ...

a) G: Um 10:00 Uhr besuchten 161 Kinder und 37 Erwachsene die Vorstellung.
F: Wie viele Personen waren es insgesamt?

b) G: Um 15:00 Uhr besuchten 101 Kinder und 74 Erwachsene die Vorstellung.
F: Wie viele Personen waren es insgesamt?

c) G: Insgesamt gibt es 200 Plätze.
F: Wie viele freie Plätze gab es um 10:00 Uhr?
F: Wie viele freie Plätze gab es um 15:00 Uhr?

2 Die Kinder und Eltern der Wiesenschule haben Kuchen und Getränke angeboten. Übertrage die Tabelle in dein Heft und ergänze die fehlenden Zahlen.

	10:00-Uhr-Vorstellung	15:00-Uhr-Vorstellung	insgesamt
Kuchen	102	160	■
Wasser	■	110	145
Saftschorle	22	■	122

Seite 36 Aufgabe 2

	10 Uhr	15 Uhr	...
Kuchen	102	160	...
...	...	...	...

3 Finde mindestens eine eigene Frage (F), Rechnung (R) und Antwort (A) zur Tabelle in Aufgabe 2. Prüfe zum Schluss, ob deine Frage, Rechnung und Antwort zur Tabelle passen.

Seite 36 Aufgabe 3
F: ...
R: ...
A: ...

D 9

★ **SF/MK:** Texten Informationen entnehmen, Sachaufgaben lösen, Rechnungen notieren, Antworten formulieren ★ **MK:** einer Tabelle Informationen entnehmen ★ in einer Tabelle fehlende Zahlen ergänzen ★ **SF:** eigene Aufgabe mit Frage, Rechnung und Antwort formulieren

Ich wohne seit 4 Jahren in Längenholz. Jedes Jahr werden neue Häuser gebaut und neue Familien ziehen hierher.

Einwohnerzahlen Längenholz

Einwohnerzahl	am
720	31.12.2019
860	31.12.2020
987	31.12.2021

1 Berechne und vergleiche die Zuzüge nach Längenholz.

a) Berechne, wie viele Personen im Jahr 2020 und im Jahr 2021 neu zugezogen sind.

b) Vergleiche die Zuzüge 2020 und 2021.
Schreibe so in dein Heft:

Seite 37 Aufgabe 1
a) 2020 R: ...
A: ...
⋮
b) ...

Im Jahr ___ sind ...
... ___ mehr Personen zugezogen als im Jahr ___.
... ___ weniger Personen zugezogen als im Jahr ___.

2 Um festzustellen, wie der Verkehr auf der Zufahrtsstraße in das neue Baugebiet zugenommen hat, wurde jedes Jahr eine Verkehrszählung durchgeführt.

Freitag, 15.3.2019	Freitag, 13.3.2020	Freitag, 12.3.2021
112 Fahrräder	10 Fahrräder weniger als 2019	42 Fahrräder mehr als 2020
324 Pkw	40 Pkw mehr als 2019	353 Pkw
11 Lkw	13 Lkw	12 Lkw weniger als 2020

a) Übertrage die Tabelle in dein Heft. Trage die bereits gegebenen Anzahlen ein.

	Fahrräder	Pkw	Lkw	insgesamt
Freitag, 15.3.2019				
Freitag, 13.3.2020				
Freitag, 12.3.2021				

Seite 37 Aufgabe 2
a)

	Fahrräder	...
15.3.2019	...	...
...	...	...

b) Berechne die fehlenden Anzahlen und fülle die Tabelle aus **a)** vollständig aus.

3 Betrachte die Tabelle aus Aufgabe **2**.
Schreibe Vergleiche zur Gesamtzahl der Fahrzeuge in den verschiedenen Jahren auf.

Seite 37 Aufgabe 3
Im Jahr ...

★ MK: einer Tabelle Informationen entnehmen, gesuchte Angaben berechnen, Vergleiche notieren ★ Angaben in einer Tabelle notieren, fehlende Angaben berechnen, Vergleiche notieren

*Die **Faltlinie** heißt **Symmetrieachse**. Sie teilt die Figur in zwei gleiche Teile. Beim Falten liegen diese Teile genau aufeinander. Die Figur ist **achsensymmetrisch**.*

1 Falte, zeichne und schneide eine Blüte wie Einstern. Verwende quadratisches Papier.

2 Stelle eigene Blüten her. Überlege, wie viele Symmetrieachsen deine Blüten haben.

3 Du kannst gemeinsam mit anderen Kindern aus euren Blüten eine Blumenwiese gestalten. Vielleicht faltet und schneidet ihr auch Blätter.

4 Es wurde zweimal gefaltet, dann geschnitten und danach aufgefaltet. Schreibe auf, was zusammengehört.

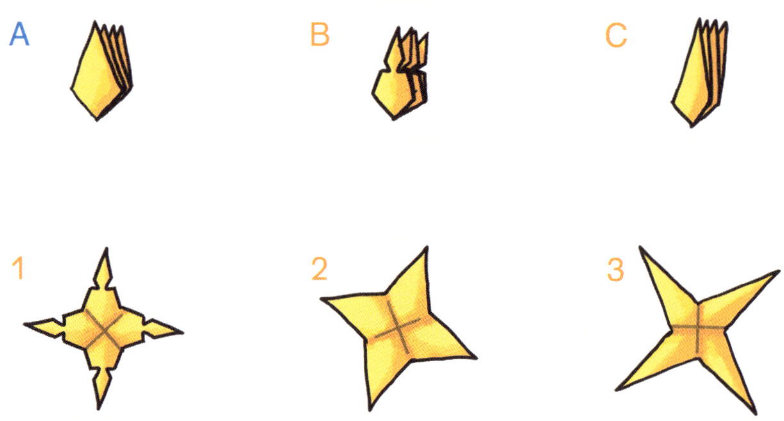

Seite 38 Aufgabe 4
A – ...

⋆ durch Falten und Schneiden symmetrische Figuren herstellen
⋆ Falt- und Schneideergebnisse zuordnen

1 Suche dir ein anderes Kind. Probiert, was ihr mit einem Doppelspiegel sehen könnt.

2 Probiert, welche Bilder ihr mit dem Doppelspiegel sehen könnt.
Tipp: Ihr könnt immer zwei Bilder sehen.

Seite 39 Aufgabe 2
a) B, ... b) ...

a)

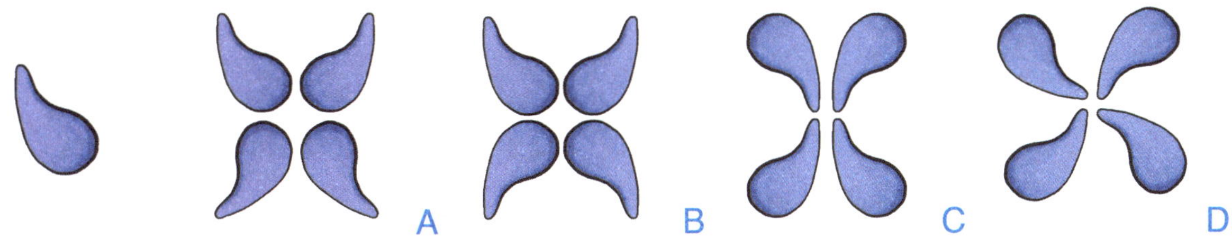

b)

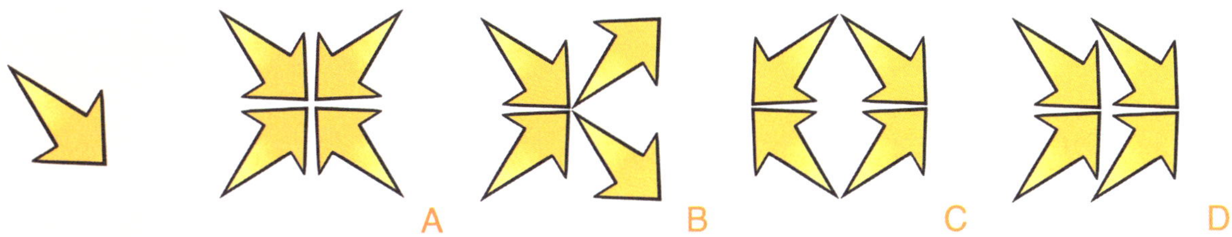

c)

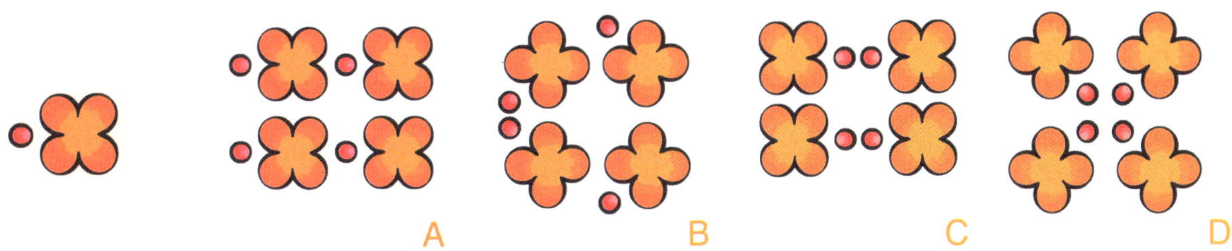

d)

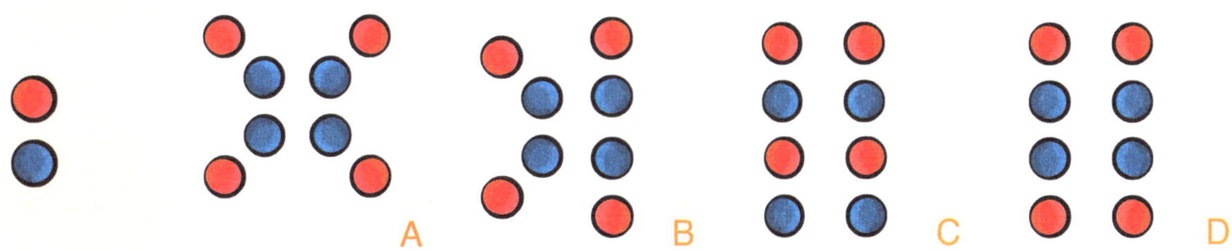

* mit dem Doppelspiegel experimentieren
* erkunden, welche Spiegelbilder mit zwei senkrecht zueinander stehenden Spiegeln erzeugt werden können

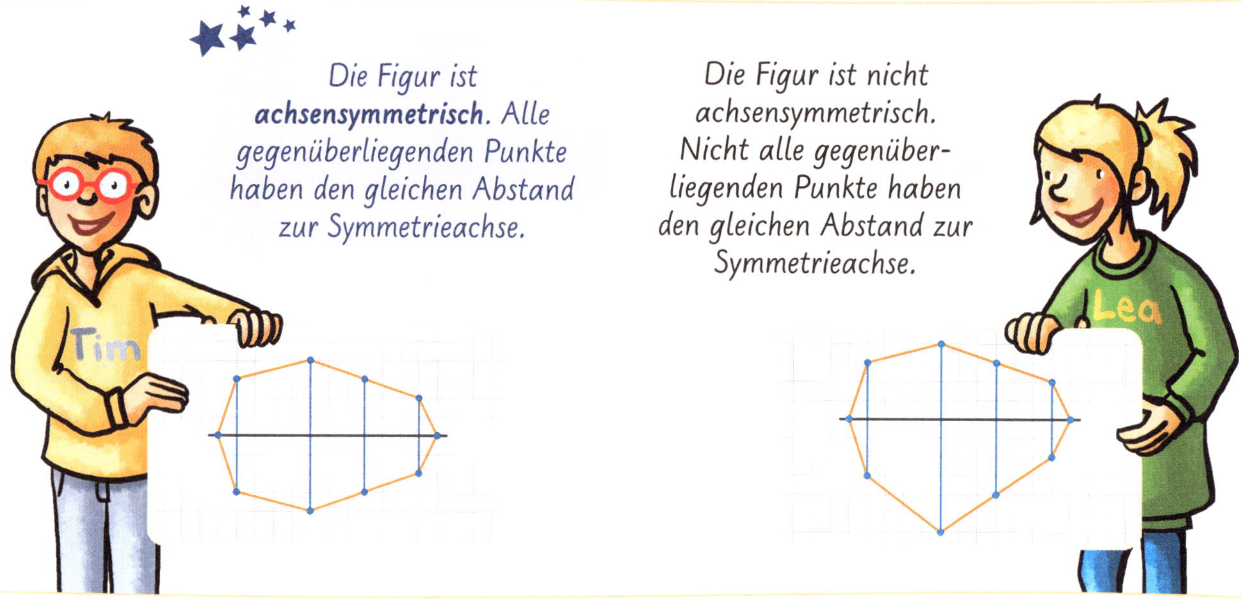

1 Stelle fest, welche Figuren achsensymmetrisch sind.
Suche dir ein anderes Kind und begründe deine Aussage.

a)

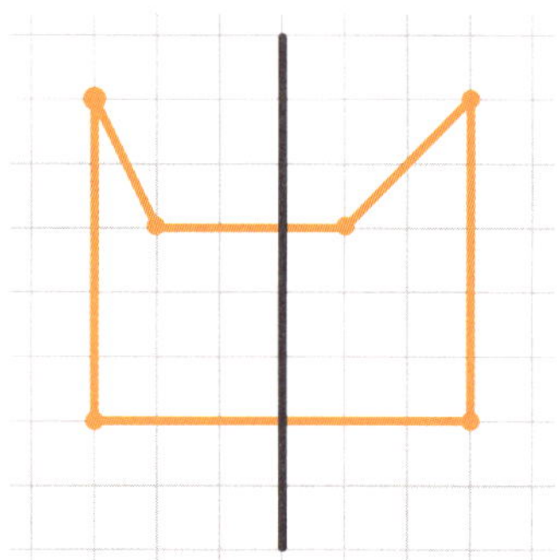

b)

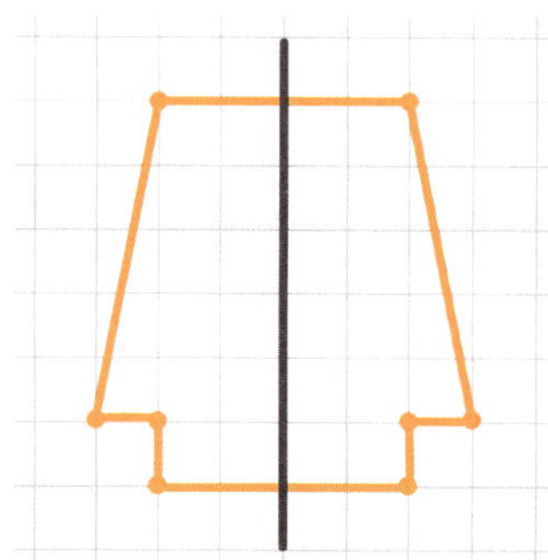

c)

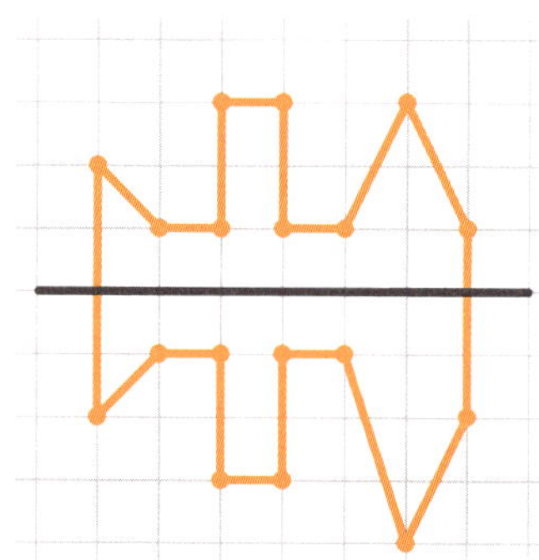

2 Stelle fest, welche Figuren achsensymmetrisch sind.
Übertrage diese in dein Heft und zeichne die Symmetrieachsen ein.

A

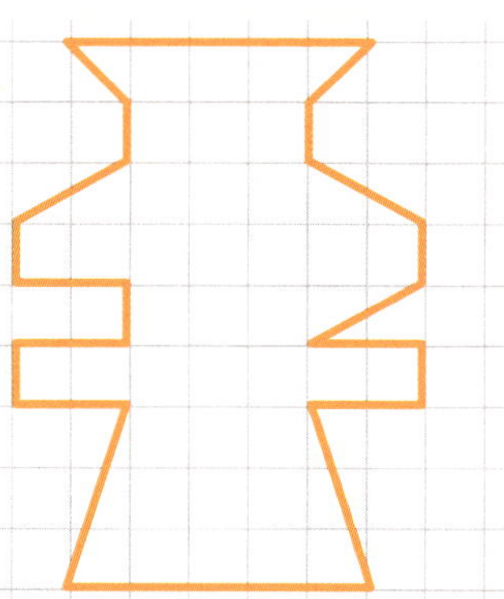

B

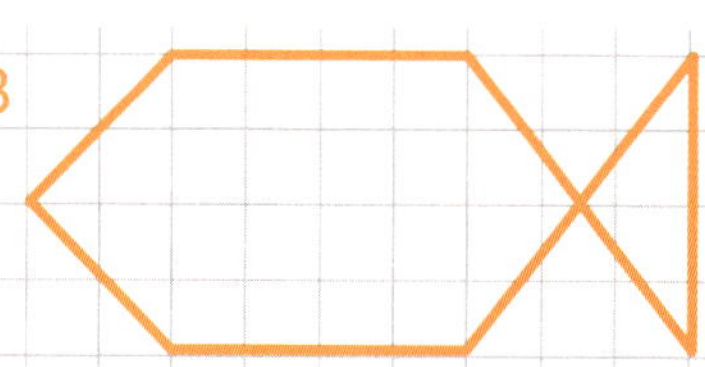

Seite 40 Aufgabe 2
...

C

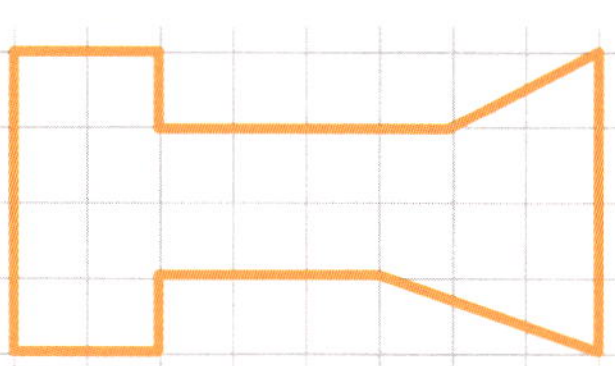

D

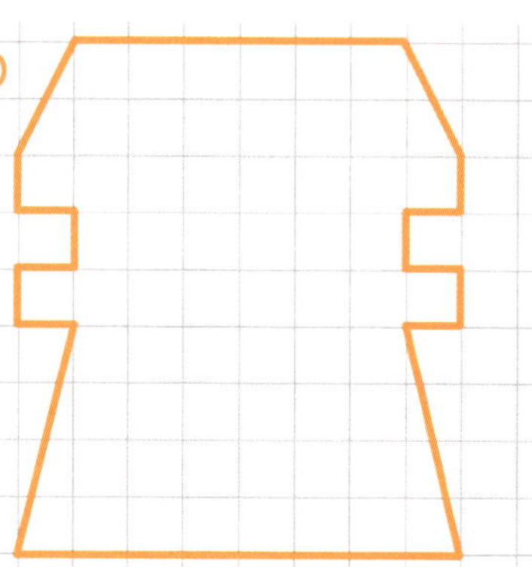

★ Eigenschaften achsensymmetrischer Figuren kennenlernen
★ Figuren auf Achsensymmetrie überprüfen, Entscheidungen begründen
★ achsensymmetrische Figuren erkennen, jeweils die Symmetrieachse einzeichnen

1 Stelle fest, welche Figuren achsensymmetrisch sind.
Zeichne die achsensymmetrischen Figuren in dein Heft.
Zeichne dort alle Symmetrieachsen mit einem roten Stift ein. Benutze ein Lineal.
Vergleiche deine Ergebnisse mit denen eines anderen Kindes.

a)

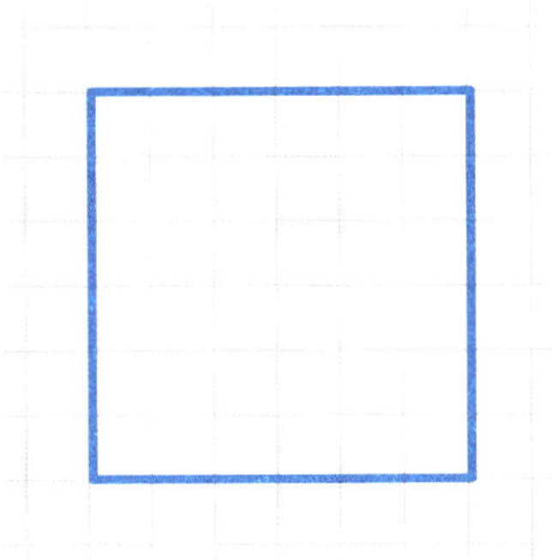

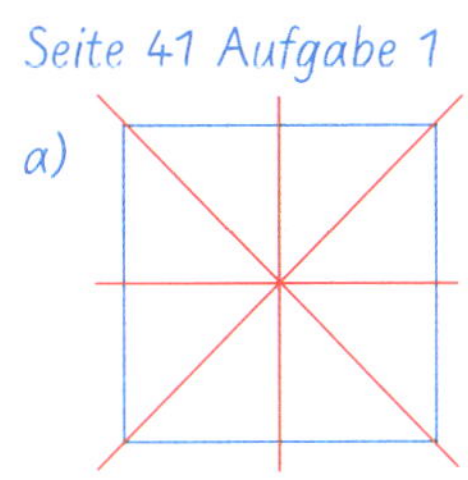

b)

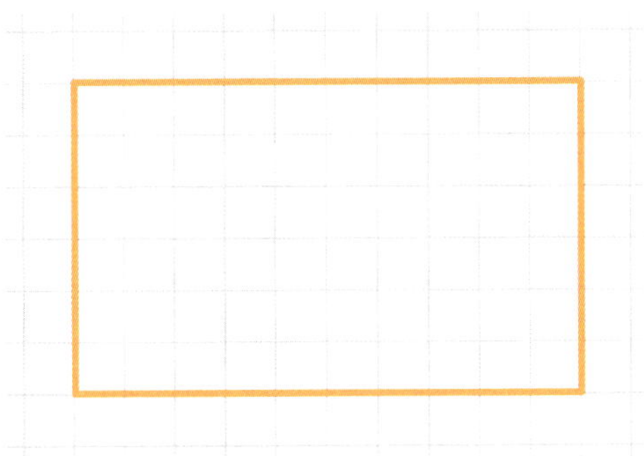

c)

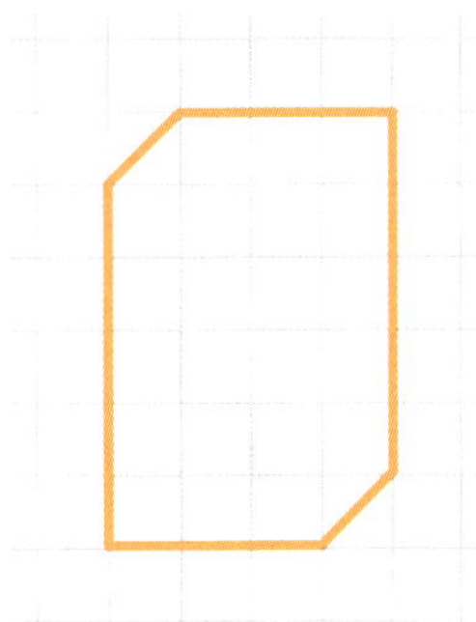

d)

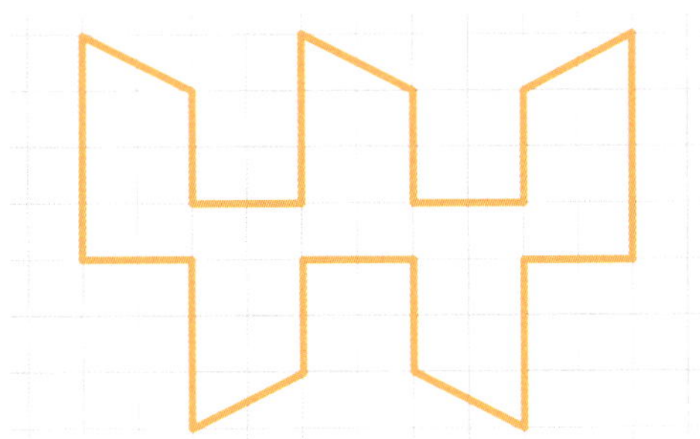

e)

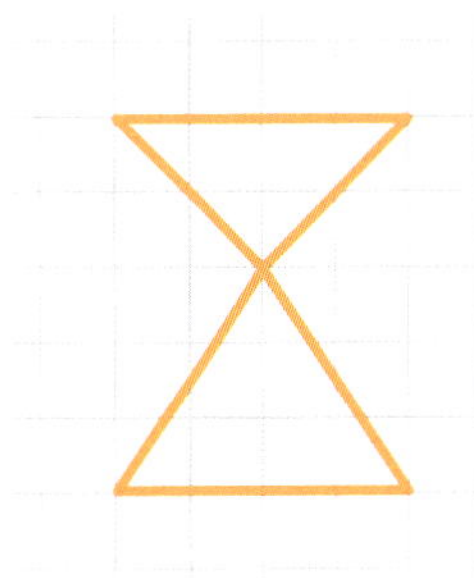

f)

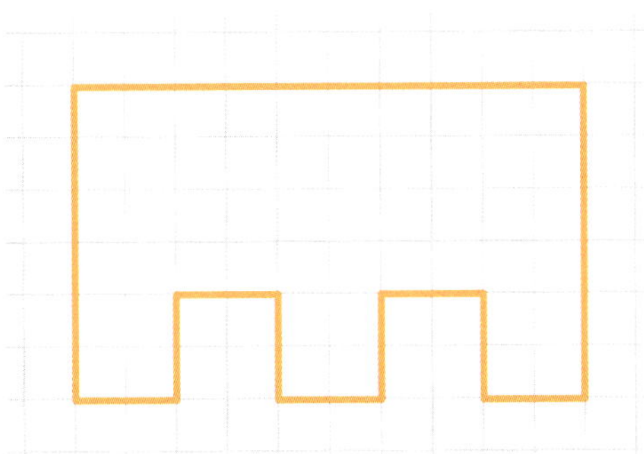

g)

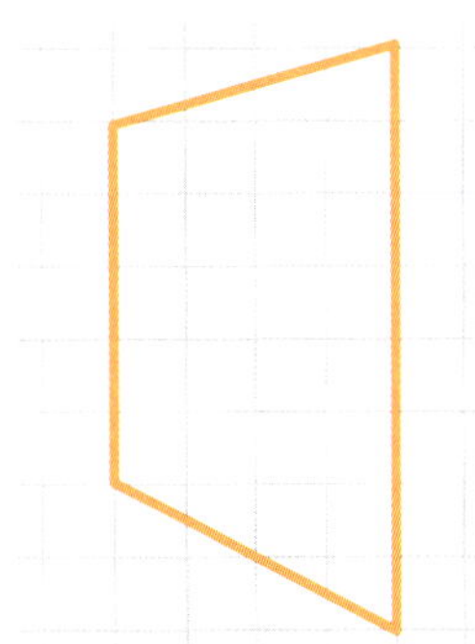

★ achsensymmetrische Figuren erkennen
★ achsensymmetrische Figuren ins Heft übertragen und dort alle möglichen Symmetrieachsen einzeichnen

1 Wähle jeweils eine Figur aus und zeichne sie in dein Heft.
Ergänze dann das Spiegelbild.

a)

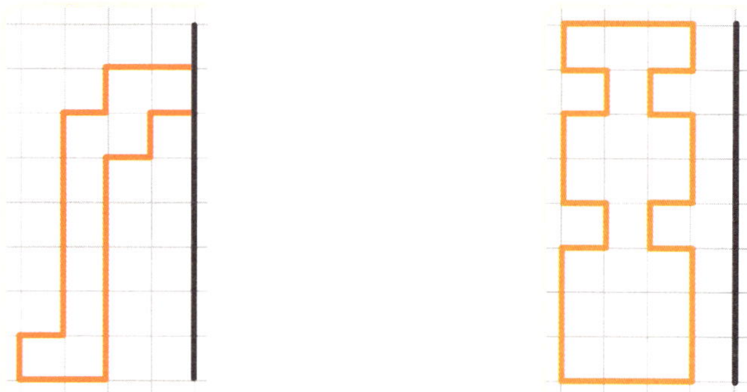

b)

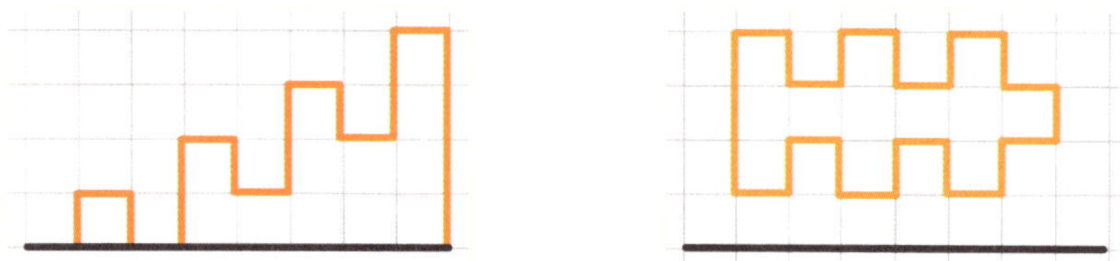

c)

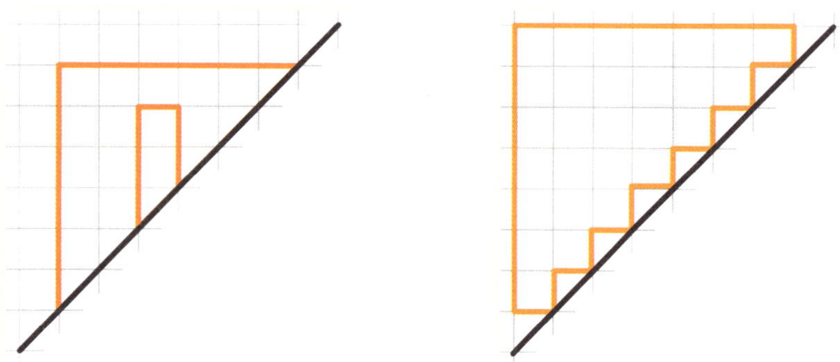

Seite 42 Aufgabe 1

a) ...

Nach dem Zeichnen überprüfe ich die Figuren mit dem Spiegel.

2 Übertrage die Figur in dein Heft.
Spiegle die Figur erst nach rechts und dann die gesamte Figur nach unten.

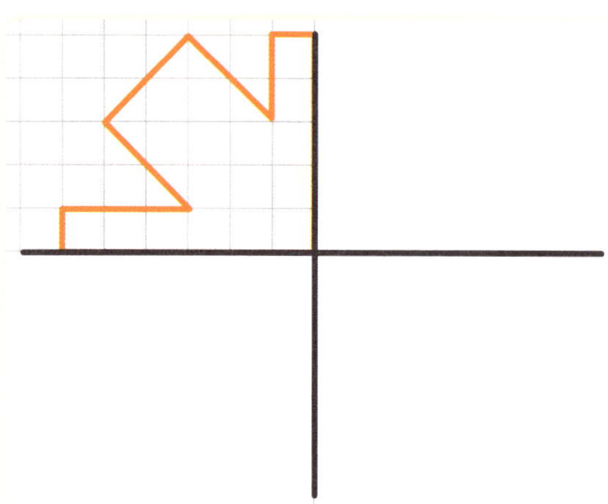

Seite 42 Aufgabe 2

...

★ vorgegebene Figuren mit unterschiedlicher Lage der Symmetrieachse ins Heft übertragen und jeweils das Spiegelbild ergänzen
★ Spiegelbilder mit dem Spiegel überprüfen

1 Wähle eine Figur aus. Übertrage sie in dein Heft. Ergänze das Spiegelbild.

Seite 43 Aufgabe 1
...

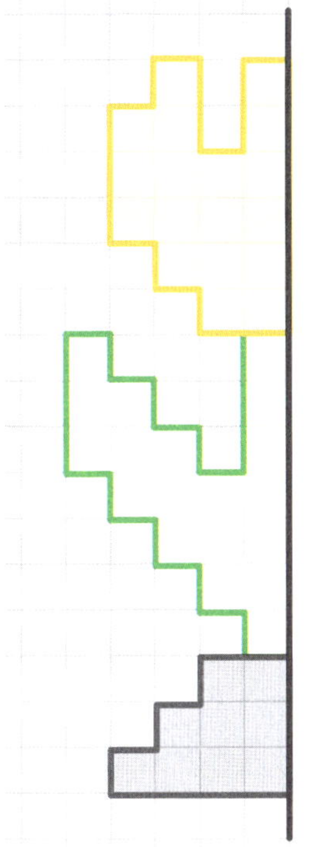

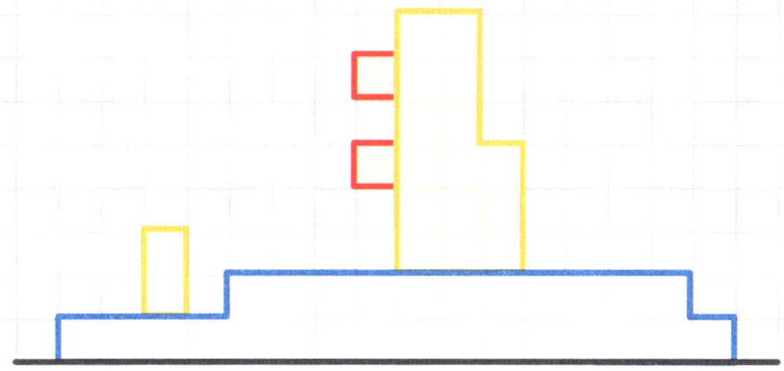

★★ Alle gegenüberliegenden Punkte haben den gleichen Abstand zur Symmetrieachse.

2 Ergänze das Spiegelbild.

Seite 43 Aufgabe 2
a) ...

a) Wähle eine Figur aus.
Übertrage sie in dein Heft und vervollständige sie.

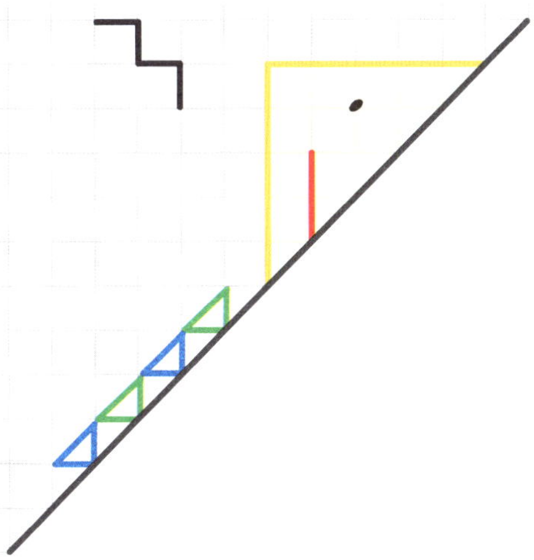

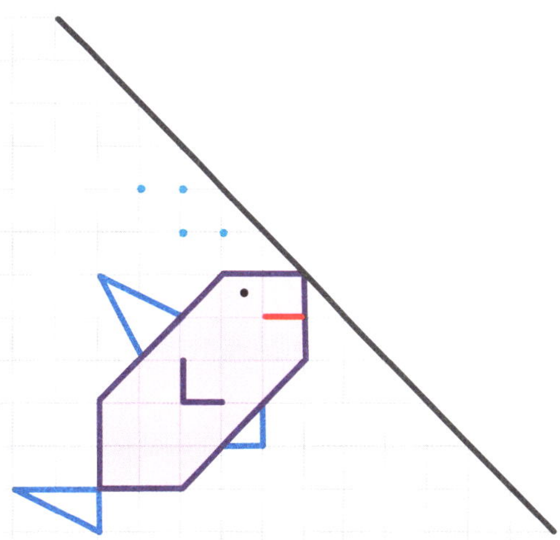

b) Erkläre einem anderen Kind, wie du vorgegangen bist.

3 Zeichne selbst weitere Figuren und eine Symmetrieachse in dein Heft. Ergänze dann jeweils das Spiegelbild.

Seite 43 Aufgabe 3
...

★ vorgegebene Figuren mit unterschiedlicher Lage der Symmetrieachse ins Heft übertragen und jeweils das Spiegelbild ergänzen
★ eigene achsensymmetrische Figuren zeichnen

Mir helfen die verwandten Aufgaben.

238 + 7 = □

Ich rechne in Schritten bis zum nächsten Zehner und dann weiter.

1 Rechne wie Paul.
Finde und löse zuerst die kleinen Aufgaben.

a) □ + □ = □
□ + □ = □
485 + 7 = □

b) □ + □ = □
□ + □ = □
246 + 8 = □

c) □ + □ = □
□ + □ = □
498 + 5 = □

d) □ + □ = □
□ + □ = □
194 + 7 = □

Seite 44 Aufgabe 1
a) 5 + 7 = 12
85 + 7 = 92
485 + 7 = …
b) …

2 Rechne wie Lena.
Löse die Aufgaben in Schritten.

a) 274 + 8 = □
□ + □ = □
□ + □ = □

b) 367 + 5 = □
□ + □ = □
□ + □ = □

c) 398 + 7 = □
□ + □ = □
□ + □ = □

d) 495 + 8 = □
□ + □ = □
□ + □ = □

Seite 44 Aufgabe 2
a) 274 + 8 = …
274 + 6 = 280
280 + 2 = …
b) …

3 Rechne mit deinem Rechenweg im Kopf.
Löse die Aufgaben.

a) 438 + 7 = □
857 + 8 = □
175 + 6 = □

b) 398 + 6 = □
496 + 7 = □
597 + 5 = □

Seite 44 Aufgabe 3
a) 438 + 7 = 445
⋮
b) …

★ Rechenschritte nachvollziehen und anwenden
★ Additionsaufgaben mithilfe verwandter Aufgaben, in Schritten und im Kopf lösen
★ **MK:** Strukturen erkennen und nutzen

276 + 40 = ▢

276 + 47 = ▢

1 Rechne wie Lea.
Finde und löse zuerst die kleinen Aufgaben.

a)
▢ + ▢ = ▢
▢ + ▢ = ▢
567 + 70 = ▢

b)
▢ + ▢ = ▢
▢ + ▢ = ▢
873 + 50 = ▢

c)
▢ + ▢ = ▢
▢ + ▢ = ▢
238 + 90 = ▢

d)
▢ + ▢ = ▢
▢ + ▢ = ▢
491 + 40 = ▢

Seite 45 Aufgabe 1
a) 60 + 70 = 130
560 + 70 = 630
567 + 70 = ...
b) ...

2 Rechne wie Lea. Löse die kleinen Aufgaben im Kopf.

a)
381 + 60 = ▢
678 + 40 = ▢
452 + 90 = ▢

b)
764 + 70 = ▢
193 + 20 = ▢
548 + 80 = ▢

Seite 45 Aufgabe 2
a) 381 + 60 = 441
⋮
b) ...

3 Löse die Aufgaben in Schritten. Rechne wie Ole oder Mai-Lin.

a)
485 + 52 = ▢
▢ + ▢ = ▢
▢ + ▢ = ▢

b)
652 + 67 = ▢
▢ + ▢ = ▢
▢ + ▢ = ▢

c)
586 + 38 = ▢
▢ + ▢ = ▢
▢ + ▢ = ▢

d)
248 + 93 = ▢
▢ + ▢ = ▢
▢ + ▢ = ▢

Seite 45 Aufgabe 3
a) 485 + 52 = ...
485 + ...
...
b) ...

★ Rechenschritte nachvollziehen und anwenden ★ Additionsaufgaben mithilfe verwandter Aufgaben lösen ★ MK: Strukturen erkennen und nutzen ★ Additionsaufgaben in Schritten lösen

Plusaufgaben mit Hundertern und Zehnern in Schritten lösen

435 + 280 = ▢

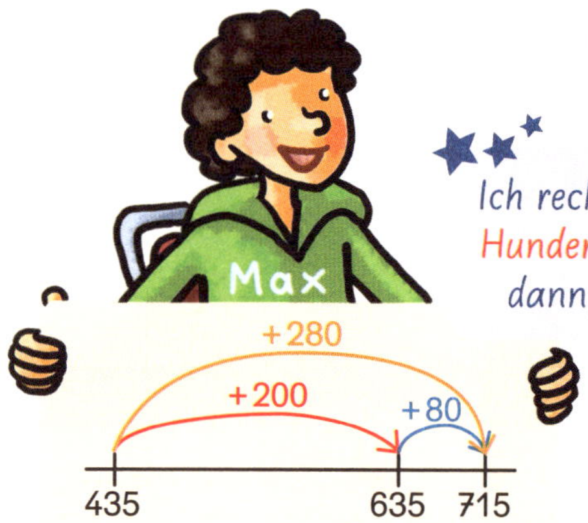

Ich rechne zuerst die Hunderter dazu und dann die Zehner.

435 + 280 = 715

435 + 200 = 635
635 + 80 = 715

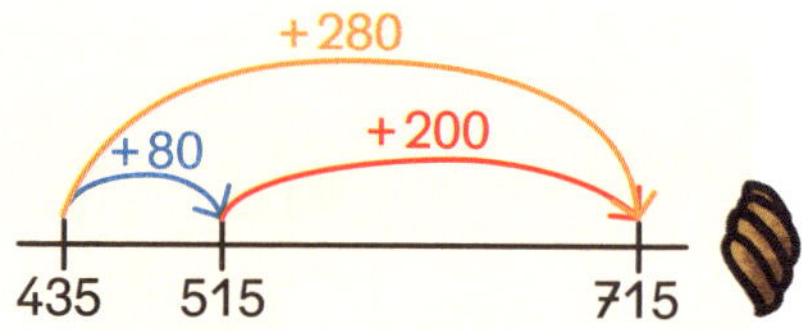

435 + 280 = 715

435 + 80 = 515
515 + 200 = 715

Ich rechne zuerst die Zehner dazu und dann die Hunderter.

1 Wie rechnest du die Aufgabe 435 + 280?
Vergleiche mit anderen Kindern.

2 Löse die Aufgaben.
Stelle deine Rechenschritte am Rechenstrich dar.

a) 387 + 540 = ▢   b) 563 + 270 = ▢

Seite 46 Aufgabe 2

a)

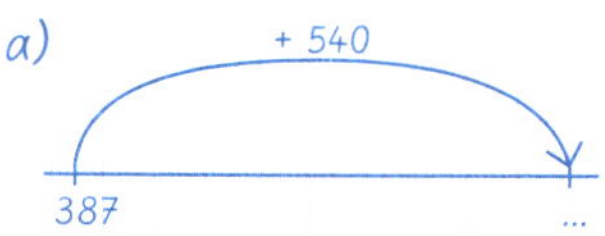

b) ...

3 Löse die Aufgaben.
Schreibe deine Rechenschritte auf.

a) 484 + 360 = ▢
▢ + ▢ = ▢
▢ + ▢ = ▢

b) 496 + 120 = ▢
▢ + ▢ = ▢
▢ + ▢ = ▢

Seite 46 Aufgabe 3

a) 4 8 4 + 3 6 0 = ...

...

b) ...

4 Löse die Aufgaben.
Schreibe deine Rechenschritte auf oder stelle sie am Rechenstrich dar.

a)
372 + 550 = ▢
668 + 170 = ▢
427 + 280 = ▢
583 + 260 = ▢

b)
439 + 380 = ▢
256 + 270 = ▢
281 + 150 = ▢
374 + 460 = ▢

Seite 46 Aufgabe 4

a) ...

AH 20   ÜH 17

★ SF: Rechenschritte nachvollziehen, beschreiben und vergleichen
★ den eigenen Rechenweg beim Lösen von Aufgaben anwenden, am Rechenstrich zeichnen bzw. notieren

238 + 456 = ▢

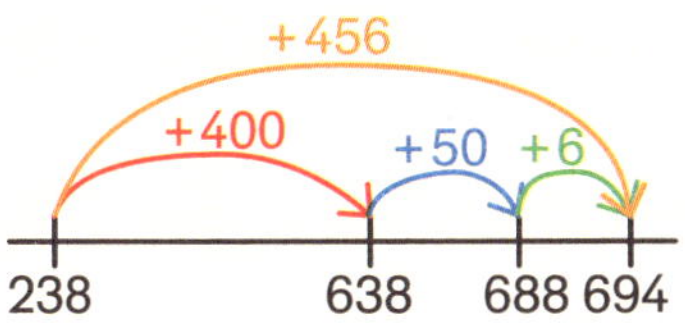

238 + 456 = 694

238 + 400 = 638
638 + 50 = 688
688 + 6 = 694

Ich rechne zuerst die Hunderter dazu, dann die Zehner und zum Schluss die Einer.

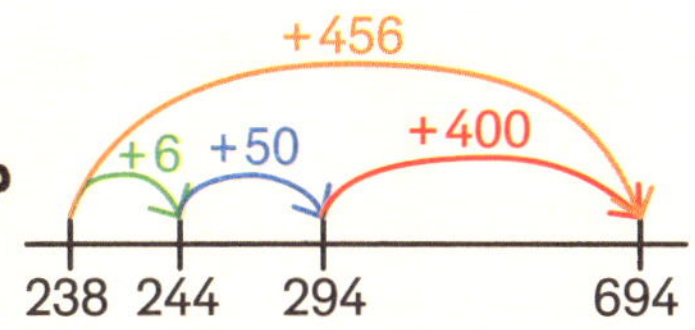

238 + 456 = 694

238 + 6 = 244
244 + 50 = 294
294 + 400 = 694

Ich rechne zuerst die Einer dazu, dann die Zehner und zum Schluss die Hunderter.

1 Wie rechnest du die Aufgabe 238 + 456?
Vergleiche mit anderen Kindern.

2 Löse die Aufgaben.
Stelle deine Rechenschritte am Rechenstrich dar.

a) 356 + 582 = ▢

b) 187 + 367 = ▢

Seite 47 Aufgabe 2

a)

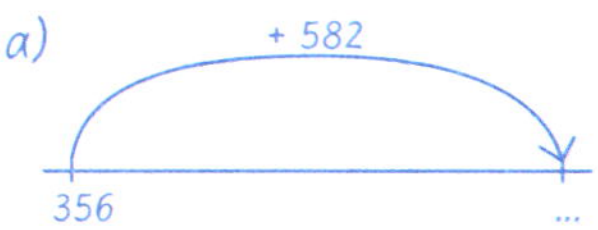

b) ...

3 Löse die Aufgaben.
Schreibe deine Rechenschritte auf.

a) 273 + 354 = ▢
▢ + ▢ = ▢
▢ + ▢ = ▢
▢ + ▢ = ▢

b) 278 + 235 = ▢
▢ + ▢ = ▢
▢ + ▢ = ▢
▢ + ▢ = ▢

Seite 47 Aufgabe 3

a) 2 7 3 + 3 5 4 = ...
...

b) ...

4 Löse die Aufgaben.
Schreibe deine Rechenschritte auf
oder stelle sie am Rechenstrich dar.

a) 384 + 575 = ▢
272 + 443 = ▢
484 + 352 = ▢

b) 376 + 465 = ▢
245 + 689 = ▢
666 + 157 = ▢

Seite 47 Aufgabe 4

a) ...

★ **SF:** Rechenschritte nachvollziehen, beschreiben und vergleichen
★ den eigenen Rechenweg beim Lösen von Aufgaben anwenden, am Rechenstrich zeichnen bzw. notieren

1 Löse die Aufgaben mit deinem Rechenweg.
Stelle deine Rechenschritte am Rechenstrich dar.

a) 596 + 230 = ■   b) 358 + 570 = ■

Seite 48 Aufgabe 1

a)

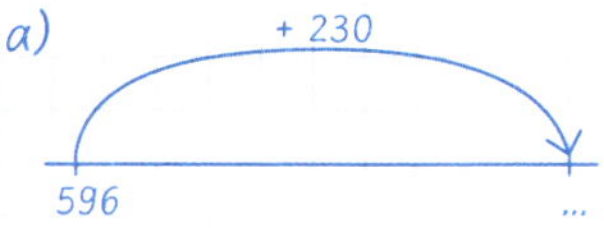

b) ...

2 Löse die Aufgaben mit deinem Rechenweg.
Schreibe deine Rechenschritte auf.

a) 376 + 260 = ■
■ + ■ = ■
■ + ■ = ■

b) 485 + 350 = ■
■ + ■ = ■
■ + ■ = ■

Seite 48 Aufgabe 2

a) 3 7 6 + 2 6 0 = ...
3 7 6 + ...
...

b) ...

Wie rechnest du?

3 Löse die Aufgaben mit deinem Rechenweg.
Stelle deine Rechenschritte am Rechenstrich dar.

a) 245 + 367 = ■   b) 478 + 256 = ■

Seite 48 Aufgabe 3

a)

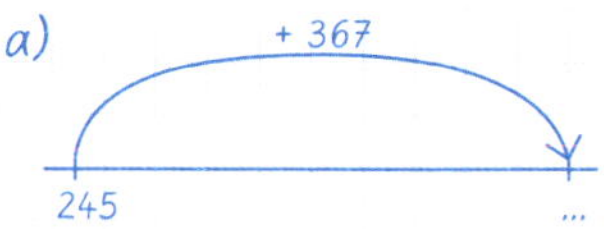

b) ...

4 Löse die Aufgaben mit deinem Rechenweg.
Schreibe deine Rechenschritte auf.

a) 438 + 246 = ■
■ + ■ = ■
■ + ■ = ■
■ + ■ = ■

b) 287 + 374 = ■
■ + ■ = ■
■ + ■ = ■
■ + ■ = ■

Seite 48 Aufgabe 4

a) 4 3 8 + 2 4 6 = ...
4 3 8 + ...
...

b) ...

5 Löse die Aufgaben.
Rechne mit deinen Rechenschritten im Kopf.

a) 470 + 50 = ■   b) 384 + 60 = ■

c) 480 + 76 = ■   d) 674 + 68 = ■

Seite 48 Aufgabe 5

a) ...

★ den eigenen Rechenweg beim Lösen von Aufgaben anwenden, am Rechenstrich zeichnen bzw. notieren
★ Aufgaben mit den eigenen Rechenschritten im Kopf lösen

5 Den eigenen Rechenweg bei Plusaufgaben anwenden

1 Löse die Aufgaben.
Rechne mit deinen Rechenschritten im Kopf.

a) 468 + 80 = ▢
380 + 49 = ▢
765 + 68 = ▢
276 + 56 = ▢

b) 370 + 440 = ▢
183 + 260 = ▢
490 + 237 = ▢
270 + 348 = ▢

Seite 49 Aufgabe 1
a) ...

2 Löse die Aufgaben und setze die Aufgabenreihen fort.

a) 467 + 280 = ▢
477 + 270 = ▢
487 + 260 = ▢
▢ + ▢ = ▢
▢ + ▢ = ▢

b) 125 + 230 = ▢
125 + 240 = ▢
125 + 250 = ▢
▢ + ▢ = ▢
▢ + ▢ = ▢

c) 765 + 180 = ▢
665 + 280 = ▢
565 + 380 = ▢
▢ + ▢ = ▢
▢ + ▢ = ▢

d) 785 + 140 = ▢
685 + 140 = ▢
585 + 140 = ▢
▢ + ▢ = ▢
▢ + ▢ = ▢

Seite 49 Aufgabe 2
a) 4 6 7 + 2 8 0 = 7 4 7
4 7 7 + 2 7 0 = ...
⋮
b) ...

3 Beschreibe, wie sich bei den Aufgabenreihen in Aufgabe 2 die erste Zahl, die zweite Zahl und das Ergebnis verändern.

Seite 49 Aufgabe 3
a) Die erste Zahl ...
...

4 Bilde selbst Aufgabenreihen.

a Die erste Zahl und das Ergebnis werden immer um 100 größer.

b Das Ergebnis wird immer um 10 kleiner.
Die erste Zahl bleibt gleich.

c Die erste Zahl und das Ergebnis verändern sich.
Die zweite Zahl bleibt gleich.

Seite 49 Aufgabe 4
a) ...

* Aufgaben mit den eigenen Rechenschritten im Kopf lösen
* MK/SF: Aufgabenreihen fortsetzen und lösen, Struktur erkennen und beschreiben
* selbst Aufgabenreihen nach vorgegebenen Kriterien bilden

245 – 7 = ☐

Mir helfen die **verwandten** ***Aufgaben.***

Ich rechne in Schritten bis zum nächsten Zehner und dann weiter.

1 Rechne wie Paul.
Finde und löse zuerst die kleinen Aufgaben.

a)
☐ – ☐ = ☐
☐ – ☐ = ☐
254 – 7 = ☐

b)
☐ – ☐ = ☐
☐ – ☐ = ☐
623 – 5 = ☐

c)
☐ – ☐ = ☐
☐ – ☐ = ☐
531 – 4 = ☐

d)
☐ – ☐ = ☐
☐ – ☐ = ☐
478 – 9 = ☐

Seite 50 Aufgabe 1
a) 14 – 7 = 7
54 – 7 = 47
254 – 7 = ...
b) ...

2 Rechne wie Meral.
Löse die Aufgaben in Schritten.

a)
472 – 6 = ☐
☐ – ☐ = ☐
☐ – ☐ = ☐

b)
595 – 8 = ☐
☐ – ☐ = ☐
☐ – ☐ = ☐

c)
503 – 9 = ☐
☐ – ☐ = ☐
☐ – ☐ = ☐

d)
705 – 8 = ☐
☐ – ☐ = ☐
☐ – ☐ = ☐

Seite 50 Aufgabe 2
a) 472 – 6 = ...
472 – 2 = 470
470 – 4 = ...
b) ...

3 Rechne mit deinem Rechenweg im Kopf.
Löse die Aufgaben.

a)
431 – 4 = ☐
564 – 8 = ☐
682 – 7 = ☐

b)
805 – 7 = ☐
102 – 5 = ☐
403 – 8 = ☐

Seite 50 Aufgabe 3
a) ...

★ Rechenschritte nachvollziehen und anwenden
★ Subtraktionsaufgaben mithilfe verwandter Aufgaben, in Schritten und im Kopf lösen
★ MK: Strukturen erkennen und nutzen

323 – 40 = ___

Mir helfen die **verwandten Aufgaben.**

Ich ziehe zuerst die Zehner ab und dann die Einer.

323 – 47 = ___

Ich ziehe zuerst die Einer ab und dann die Zehner.

1 Rechne wie Tim. Finde und löse zuerst die kleinen Aufgaben.

a) ___ – ___ = ___
___ – ___ = ___
678 – 90 = ___

b) ___ – ___ = ___
___ – ___ = ___
922 – 50 = ___

c) ___ – ___ = ___
___ – ___ = ___
343 – 60 = ___

d) ___ – ___ = ___
___ – ___ = ___
634 – 70 = ___

Seite 51 Aufgabe 1
a) 1 7 0 – 9 0 = 8 0
6 7 0 – 9 0 = 5 8 0
6 7 8 – 9 0 = ...
b) ...

2 Rechne wie Tim. Löse die kleinen Aufgaben im Kopf.

a) 645 – 80 = ___
212 – 30 = ___
458 – 70 = ___

b) 764 – 90 = ___
326 – 60 = ___
139 – 50 = ___

Seite 51 Aufgabe 2
a) 6 4 5 – 8 0 = 5 6 5
⋮
b) ...

3 Löse die Aufgaben in Schritten. Rechne wie Lisa oder Janek.

a) 435 – 52 = ___
___ – ___ = ___
___ – ___ = ___

b) 848 – 75 = ___
___ – ___ = ___
___ – ___ = ___

c) 536 – 88 = ___
___ – ___ = ___
___ – ___ = ___

d) 241 – 64 = ___
___ – ___ = ___
___ – ___ = ___

Seite 51 Aufgabe 3
a) 4 3 5 – 5 2 = ...
4 3 5 – ...
...
b) ...

* Rechenschritte nachvollziehen und anwenden * Subtraktionsaufgaben mithilfe verwandter Aufgaben lösen * MK: Strukturen erkennen und nutzen
* Subtraktionsaufgaben in Schritten lösen

Minusaufgaben mit Hundertern und Zehnern in Schritten lösen

Ich nehme zuerst die Hunderter weg und dann die Zehner.

623 – 240 = 383

623 – 200 = 423
423 – 40 = 383

623 – 240 = ■

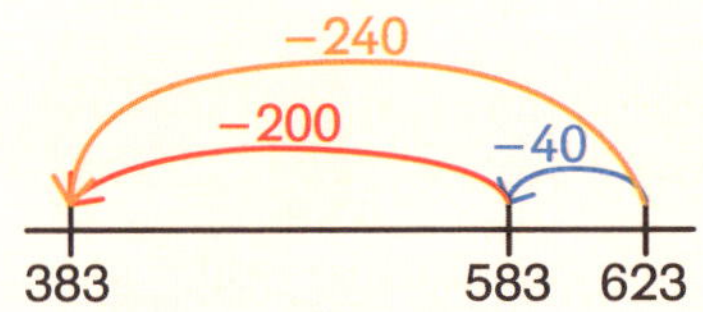

623 – 240 = 383

623 – 40 = 583
583 – 200 = 383

Ich nehme zuerst die Zehner weg und dann die Hunderter.

1 Wie rechnest du die Aufgabe 623 – 240?
Vergleiche mit anderen Kindern.

2 Löse die Aufgaben.
Stelle deine Rechenschritte am Rechenstrich dar.

a) 564 – 380 = ■ b) 336 – 160 = ■

Seite 52 Aufgabe 2
a)

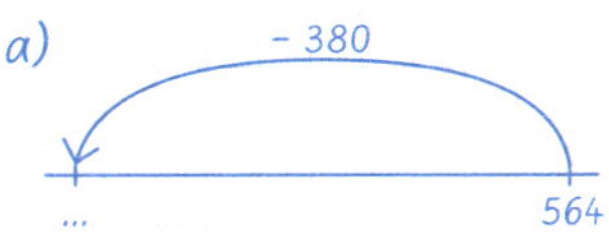

b) ...

3 Löse die Aufgaben.
Schreibe deine Rechenschritte auf.

a) 525 – 270 = ■
■ – ■ = ■
■ – ■ = ■

b) 713 – 430 = ■
■ – ■ = ■
■ – ■ = ■

Seite 52 Aufgabe 3
a) 5 2 5 – 2 7 0 = ...
...
b) ...

4 Löse die Aufgaben.
Schreibe deine Rechenschritte auf
oder stelle sie am Rechenstrich dar.

a)
429 – 250 = ■
853 – 690 = ■
217 – 130 = ■
932 – 580 = ■

b)
639 – 380 = ■
756 – 270 = ■
608 – 150 = ■
435 – 370 = ■

Seite 52 Aufgabe 4
a) ...

* SF: Rechenschritte nachvollziehen, beschreiben und vergleichen
* den eigenen Rechenweg beim Lösen von Aufgaben anwenden, am Rechenstrich zeichnen bzw. notieren

324 – 216 = ▢

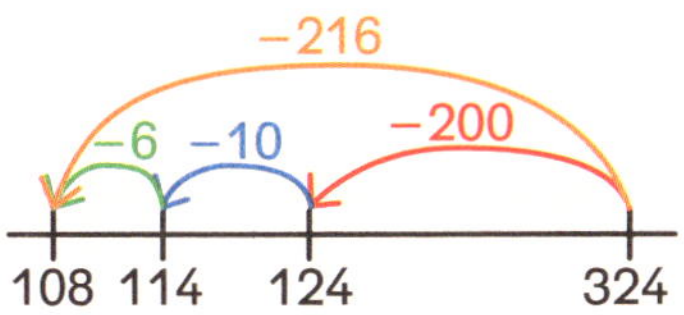

324 – 216 = 108

324 – 200 = 124
124 – 10 = 114
114 – 6 = 108

Ich nehme zuerst die Hunderter weg, dann die Zehner und zum Schluss die Einer.

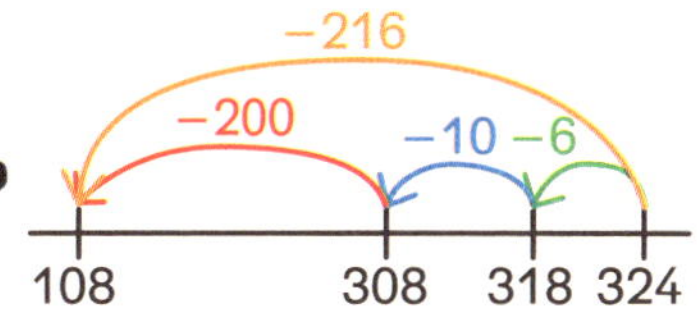

324 – 216 = 108

324 – 6 = 318
318 – 10 = 308
308 – 200 = 108

Ich nehme zuerst die Einer weg, dann die Zehner und zum Schluss die Hunderter.

1 Wie rechnest du die Aufgabe 324 – 216?
Vergleiche mit anderen Kindern.

2 Löse die Aufgaben.
Stelle deine Rechenschritte am Rechenstrich dar.

a) 538 – 356 = ▢

b) 752 – 476 = ▢

Seite 53 Aufgabe 2

a)

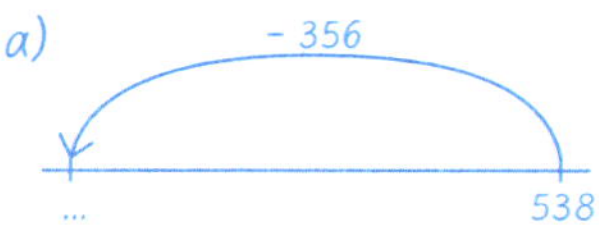

b) ...

3 Löse die Aufgaben.
Schreibe deine Rechenschritte auf.

a) 678 – 284 = ▢
▢ – ▢ = ▢
▢ – ▢ = ▢
▢ – ▢ = ▢

b) 845 – 556 = ▢
▢ – ▢ = ▢
▢ – ▢ = ▢
▢ – ▢ = ▢

Seite 53 Aufgabe 3

a) 6 7 8 – 2 8 4 = ...
...

b) ...

4 Löse die Aufgaben.
Schreibe deine Rechenschritte auf oder stelle sie am Rechenstrich dar.

a) 543 – 472 = ▢
635 – 183 = ▢
426 – 252 = ▢

b) 617 – 249 = ▢
306 – 157 = ▢
945 – 687 = ▢

Seite 53 Aufgabe 4

a) ...

★ SF: Rechenschritte nachvollziehen, beschreiben und vergleichen
★ den eigenen Rechenweg beim Lösen von Aufgaben anwenden, am Rechenstrich zeichnen bzw. notieren

1 Löse die Aufgaben mit deinem Rechenweg.
Stelle deine Rechenschritte am Rechenstrich dar.

a) 728 – 350 = ■　　b) 847 – 580 = ■

Seite 54 Aufgabe 1

a)

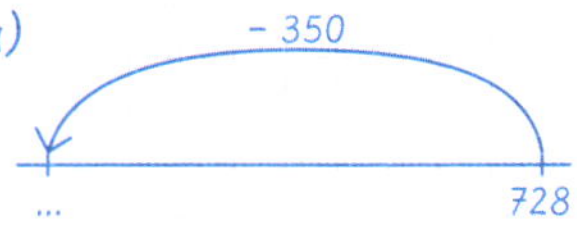

b) ...

2 Löse die Aufgaben mit deinem Rechenweg.
Schreibe deine Rechenschritte auf.

a) 568 – 370 = ■
■ – ■ = ■
■ – ■ = ■

b) 963 – 480 = ■
■ – ■ = ■
■ – ■ = ■

Seite 54 Aufgabe 2

a) 5 6 8 – 3 7 0 = ...
5 6 8 – ...
...

b) ...

Wie rechnest du?

3 Löse die Aufgaben mit deinem Rechenweg.
Stelle deine Rechenschritte am Rechenstrich dar.

a) 435 – 258 = ■　　b) 316 – 167 = ■

Seite 54 Aufgabe 3

a)

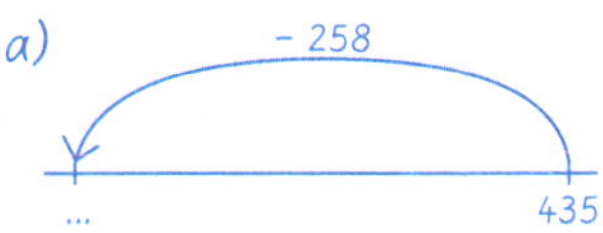

b) ...

4 Löse die Aufgaben mit deinem Rechenweg.
Schreibe deine Rechenschritte auf.

a) 826 – 458 = ■
■ – ■ = ■
■ – ■ = ■
■ – ■ = ■

b) 965 – 679 = ■
■ – ■ = ■
■ – ■ = ■
■ – ■ = ■

Seite 54 Aufgabe 4

a) 8 2 6 – 4 5 8 = ...
8 2 6 – ...
...

b) ...

5 Löse die Aufgaben.
Rechne mit deinen Rechenschritten im Kopf.

a) 540 – 90 = ■　　b) 758 – 80 = ■

c) 720 – 75 = ■　　d) 442 – 68 = ■

Seite 54 Aufgabe 5

a) ...

* den eigenen Rechenweg beim Lösen von Aufgaben anwenden, am Rechenstrich zeichnen bzw. notieren
* Aufgaben mit den eigenen Rechenschritten im Kopf lösen

1 Löse die Aufgaben.
Rechne mit deinen Rechenschritten im Kopf.

a) 523 – 60 = ☐
940 – 82 = ☐
247 – 65 = ☐
161 – 96 = ☐

b) 560 – 180 = ☐
638 – 350 = ☐
1000 – 530 = ☐
1000 – 371 = ☐

Seite 55 Aufgabe 1
a) ...

2 Löse die Aufgaben und setze die Aufgabenreihen fort.

a) 773 – 280 = ☐
763 – 270 = ☐
753 – 260 = ☐
☐ – ☐ = ☐
☐ – ☐ = ☐

b) 844 – 650 = ☐
854 – 660 = ☐
864 – 670 = ☐
☐ – ☐ = ☐
☐ – ☐ = ☐

c) 935 – 280 = ☐
925 – 280 = ☐
915 – 280 = ☐
☐ – ☐ = ☐
☐ – ☐ = ☐

d) 512 – 120 = ☐
512 – 130 = ☐
512 – 140 = ☐
☐ – ☐ = ☐
☐ – ☐ = ☐

Seite 55 Aufgabe 2
a) 773 - 280 = 493
763 - 270 = ...
⋮
b) ...

3 Beschreibe, wie sich bei den Aufgabenreihen in Aufgabe 2 die erste Zahl, die zweite Zahl und das Ergebnis verändern.

Seite 55 Aufgabe 3
a) Die erste Zahl ...
...

4 Bilde selbst Aufgabenreihen.

a Die erste und die zweite Zahl werden immer um 10 kleiner.

b Die erste Zahl und das Ergebnis werden immer um 10 größer.

c Die erste Zahl bleibt gleich und das Ergebnis wird immer um 10 kleiner.

Seite 55 Aufgabe 4
a) ...

- ★ Aufgaben mit den eigenen Rechenschritten im Kopf lösen
- ★ **MK/SF:** Aufgabenreihen fortsetzen und lösen, Struktur erkennen und beschreiben
- ★ selbst Aufgabenreihen nach vorgegebenen Kriterien bilden

Ich kontrolliere mit der **Umkehraufgabe**.

262 + 180 = 442,
denn
442 – 180 = 262

623 – 250 = 373,
denn
373 + 250 = 623

1 Schreibe Aufgabe und Umkehraufgabe mit Ergebnis auf.

a) 630 → + 250 → ■, ← – 250 ←

b) 432 → + 340 → ■, ← – 340 ←

c) 490 → – 260 → ■, ← + 260 ←

d) 865 → – 420 → ■, ← + 420 ←

Seite 56 Aufgabe 1
a) 6 3 0 + 2 5 0 = 8 8 0
8 8 0 – 2 5 0 = 6 3 0
b) ...

2 Löse die Aufgaben.
Kontrolliere jedes Ergebnis mit der Umkehraufgabe.

a)
240 + 520 = ■
480 + 260 = ■
336 + 550 = ■
365 + 270 = ■

b)
680 – 430 = ■
530 – 180 = ■
791 – 430 = ■
912 – 350 = ■

Seite 56 Aufgabe 2
a) 2 4 0 + 5 2 0 = 7 6 0,
denn 7 6 0 – 5 2 0 = 2 4 0
⋮
b) ...

3 Kontrolliere jedes Ergebnis mithilfe der Umkehraufgabe.
Notiere die falschen Aufgaben mit richtigem Ergebnis.
Tipp: In jedem Päckchen sind zwei Aufgaben falsch.

a)
428 + 280 = 708
463 + 280 = 753
358 + 560 = 818
347 + 425 = 762

b)
673 – 480 = 183
853 – 370 = 483
838 – 570 = 268
734 – 425 = 390

Seite 56 Aufgabe 3
a) 4 6 3 + 2 8 0 = 7 4 3,
denn 7 4 3 – 2 8 0 = 4 6 3
⋮
b) ...

★ Aufgaben und Umkehraufgaben ablesen und lösen
★ Additions- und Subtraktionsaufgaben lösen und Ergebnisse mithilfe der Umkehraufgabe kontrollieren ★ mithilfe der Umkehraufgabe falsche Ergebnisse identifizieren und korrigieren

580 + ☐ = 720   810 – ☐ = 650

580 + 140 = 720

810 – 160 = 650

810 – 160 = 650

1 Löse die Aufgaben mit deinem Weg.
Stelle deine Rechenschritte am Rechenstrich dar.

a) 240 + ☐ = 430 b) 460 + ☐ = 817
c) 530 – ☐ = 160 d) 652 – ☐ = 480

Seite 57 Aufgabe 1

a)

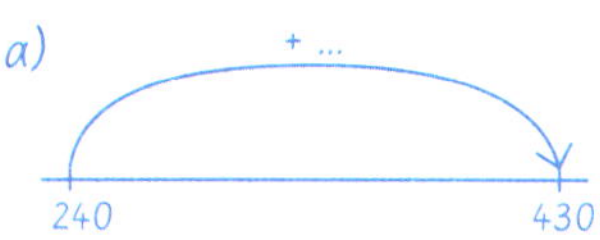

b) ...

2 Löse die Aufgaben.
Rechne mit deinen Rechenschritten im Kopf.

a)
110 + ☐ = 540
670 + ☐ = 910
480 + ☐ = 704
540 + ☐ = 829

b)
275 + ☐ = 520
455 + ☐ = 710
188 + ☐ = 340
494 + ☐ = 750

c)
880 – ☐ = 550
650 – ☐ = 80
623 – ☐ = 370
712 – ☐ = 290

d)
520 – ☐ = 285
640 – ☐ = 465
930 – ☐ = 792
440 – ☐ = 789

Seite 57 Aufgabe 2

a) ...

★ Rechenschritte nachvollziehen und anwenden
★ Platzhalteraufgaben lösen, Rechenschritte am Rechenstrich darstellen
★ Platzhalteraufgaben im Kopf lösen

Ich rechne ganz einfach mit Hunderterzahlen.

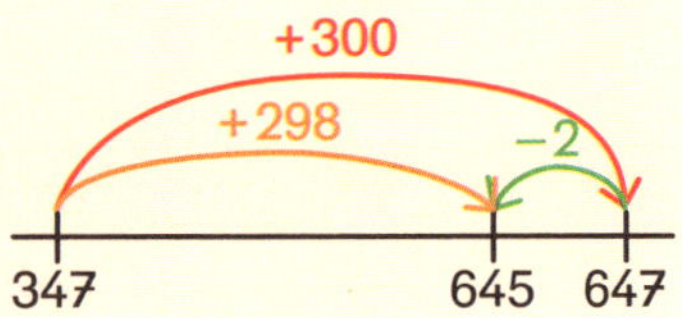

347 + 298 = 645

347 + 300 = 647
647 – 2 = 645

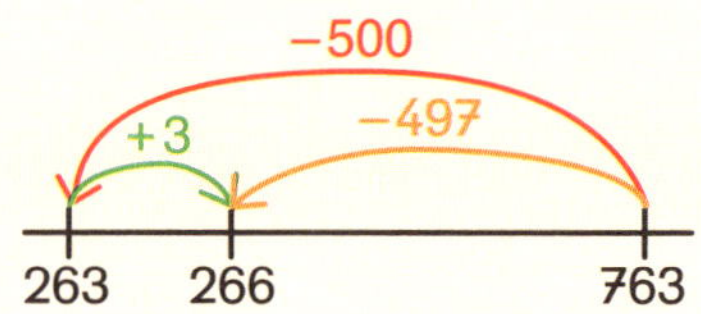

763 – 497 = 266

763 – 500 = 263
263 + 3 = 266

1 Löse die Plusaufgaben wie Einstern.

a) 268 + 197 = ■
■ ● ■ = ■
■ ● ■ = ■

b) 435 + 299 = ■
■ ● ■ = ■
■ ● ■ = ■

Seite 58 Aufgabe 1
a) 268 + 197 = ...
268 + 200 = 468
468 – 3 = 465
b) ...

2 Löse die Minusaufgaben wie Einstern.

a) 664 – 398 = ■
■ ● ■ = ■
■ ● ■ = ■

b) 725 – 297 = ■
■ ● ■ = ■
■ ● ■ = ■

Seite 58 Aufgabe 2
a) 664 – 398 = ...
664 – 400 = 264
264 + 2 = 266
b) ...

3 Schreibe die Aufgaben auf,
bei denen du Rechenvorteile anwenden kannst.
Ergänze bei diesen Aufgaben das Ergebnis.

a)
645 + 199 = ■
128 + 179 = ■
316 + 524 = ■
398 + 258 = ■

b)
956 – 274 = ■
563 – 298 = ■
738 – 243 = ■
615 – 599 = ■

Seite 58 Aufgabe 3
a) 645 + 199 = ...
⋮
b) ...

4 Finde selbst Aufgaben, bei denen Rechenvorteile das Lösen erleichtern.
Stelle die Aufgaben einem anderen Kind vor und überprüfe, ob es die Rechenvorteile findet.

■ + ■ = ■ ■ – ■ = ■ ■ ● ■ = ■

Seite 58 Aufgabe 4
...

* Rechenschritte nachvollziehen und anwenden
* Rechenvorteile erkennen, verstehen und anwenden
* eigene Aufgaben finden, die vorteilhaft gerechnet werden können

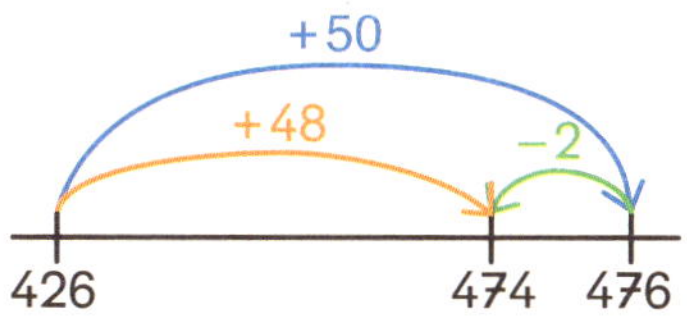

426 + 48 = 474

426 + 50 = 476
476 – 2 = 474

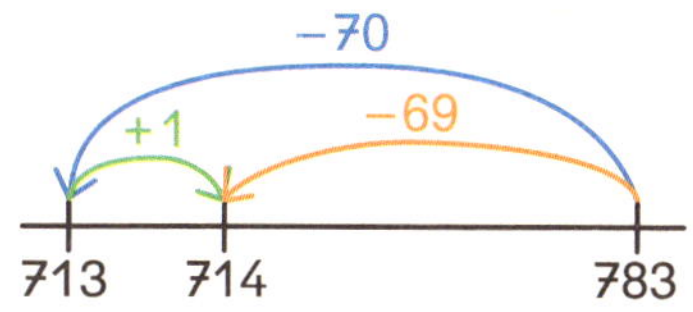

783 – 69 = 714

783 – 70 = 713
713 + 1 = 714

1 Löse die Plusaufgaben wie Einstern.

a) 248 + 39 = ■
■ ● ■ = ■
■ ● ■ = ■

b) 395 + 37 = ■
■ ● ■ = ■
■ ● ■ = ■

Seite 59 Aufgabe 1
a) 2 4 8 + 3 9 = ...
2 4 8 + 4 0 = 2 8 8
2 8 8 – 1 = 2 8 7
b) ...

2 Löse die Minusaufgaben wie Einstern.

a) 487 – 49 = ■
■ ● ■ = ■
■ ● ■ = ■

b) 326 – 58 = ■
■ ● ■ = ■
■ ● ■ = ■

Seite 59 Aufgabe 2
a) 4 8 7 – 4 9 = ...
4 8 7 – 5 0 = 4 3 7
4 3 7 + 1 = 4 3 8
b) ...

3 Schreibe die Aufgaben auf,
bei denen du Rechenvorteile anwenden kannst.
Ergänze bei diesen Aufgaben das Ergebnis.

a) 453 + 29 = ■
636 + 59 = ■
375 + 36 = ■
452 + 98 = ■

b) 381 – 93 = ■
527 – 79 = ■
826 – 98 = ■
879 – 86 = ■

Seite 59 Aufgabe 3
a) 4 5 3 + 2 9 = ...
⋮
b) ...

4 Finde selbst Aufgaben, bei denen Rechenvorteile das Lösen erleichtern.
Stelle die Aufgaben einem anderen Kind vor und überprüfe, ob es die Rechenvorteile findet.

■ + ■ = ■   ■ – ■ = ■   ■ ● ■ = ■

Seite 59 Aufgabe 4
...

- Rechenschritte nachvollziehen und anwenden
- Rechenvorteile erkennen, verstehen und anwenden
- eigene Aufgaben finden, die vorteilhaft gerechnet werden können

1 Ordne jeder Aufgabe die Umkehraufgabe zu.
Löse die Aufgaben.

A	345 + 230 = ■	F	924 – 290 = ■
B	537 + 380 = ■	G	626 – 350 = ■
C	345 + 380 = ■	H	575 – 230 = ■
D	634 + 290 = ■	I	725 – 380 = ■
E	396 + 440 = ■	J	917 – 380 = ■

Seite 60 Aufgabe 1
A – H
3 4 5 + 2 3 0 = 5 7 5
5 7 5 – 2 3 0 = 3 4 5
B – ...

2 Ordne passend zu. Löse dann die Aufgaben.

A ■
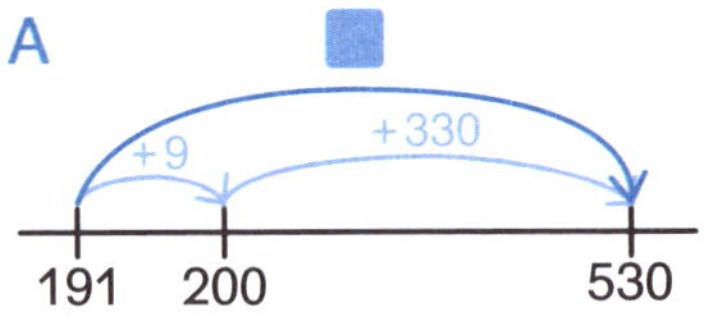

B ■
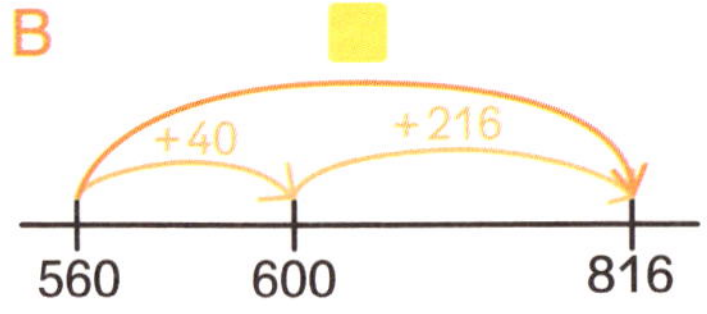

1	560 + ■ = 816	2	191 + ■ = 530
3	640 – ■ = 370	4	460 – ■ = 293

C ■
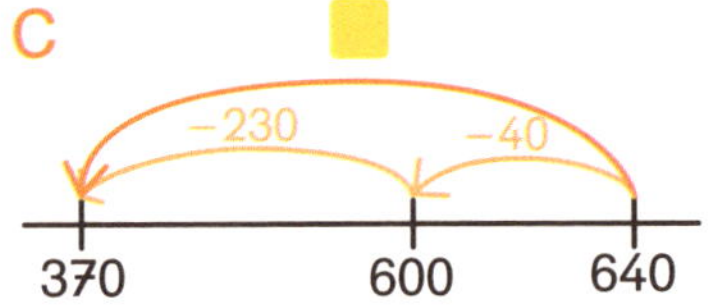

D ■
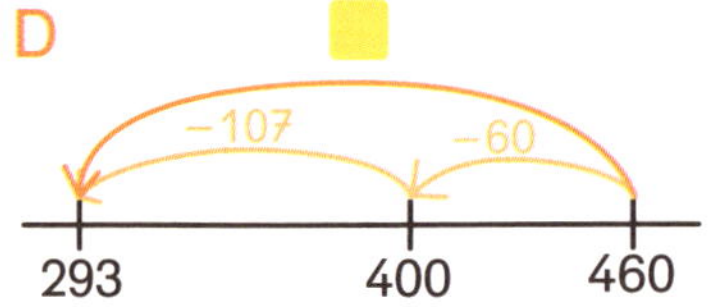

Seite 60 Aufgabe 2
A – 2
1 9 1 + 3 3 9 = 5 3 0
B – ...

3 Rechne geschickt. Schreibe deine Rechenschritte auf.

a) 357 + 298 = ■
■ ● ■ = ■
■ ● ■ = ■

b) 713 – 195 = ■
■ ● ■ = ■
■ ● ■ = ■

Seite 60 Aufgabe 3
a) ...

⋆ Additions- und Subtraktionsaufgaben lösen, Umkehraufgaben zuordnen ⋆ am Rechenstrich dargestellte Rechenschritte der passenden Platzhalteraufgabe zuordnen und diese mithilfe der Darstellung lösen ⋆ Aufgaben geschickt lösen, Rechenweg notieren

Sprechen wie die Mathematiker:
*Plus rechnen heißt **addieren**.*
*Das Ergebnis heißt **Summe**.*
*Minus rechnen heißt **subtrahieren**.*
*Das Ergebnis heißt **Differenz**.*

1 Finde die passende Aufgabe und löse sie.

Addiere 410 und 270.

Bilde die Summe aus 370 und 181.

Subtrahiere von 720 die Zahl 460.

Bilde die Differenz von 566 und 240.

Seite 61 Aufgabe 1
Mai-Lin: ...
...

2 Löse die Aufgaben.
Schreibe zu den Rechnungen einen passenden Text.
Prüfe zum Schluss, ob deine Texte zu den Aufgaben passen.

a) 282 + 160 = ▢   b) 325 – 150 = ▢

Seite 61 Aufgabe 2
a) ...

3 Ordne den Kärtchen die richtigen Aufgaben zu.
Löse die Aufgaben.

A Subtrahiere 340 von 580.

B Addiere 340 und 580.

C Wenn du von deiner Zahl 340 subtrahierst, erhältst du 580.

D Wenn du zu deiner Zahl 340 addierst, erhältst du 580.

340 + 580 = ▢   ▢ – 340 = 580

580 – 340 = ▢   ▢ + 340 = 580

Seite 61 Aufgabe 3
A: 5 8 0 – 3 4 0 = ...
B: ...

1 Löse die Zahlenrätsel.
Schreibe deine Rechenschritte auf oder stelle sie am Rechenstrich dar.

Seite 62 Aufgabe 1
Maja: …

Meine Zahl erhältst du, wenn du die Differenz von den Zahlen 725 und 250 bildest.

Meine Zahl erhältst du, wenn du 23 von 747 subtrahierst und dann 130 addierst.

Meine Zahl erhältst du, wenn du 120 und 396 addierst und dann 236 subtrahierst.

Wenn ich zu meiner Zahl 720 addiere, erhalte ich 1000.

Wenn ich von meiner Zahl 270 subtrahiere, erhalte ich 330.

2 Schreibe zu den Rechnungen Zahlenrätsel.
Verwende die Begriffe „addieren“ und „subtrahieren“.

a) 256 $\xrightarrow{+\,131}$ ■ $\xrightarrow{+\,84}$ ■

b) 386 $\xrightarrow{-\,173}$ ■ $\xrightarrow{-\,70}$ ■

c) 256 $\xrightarrow{-\,237}$ ■ $\xrightarrow{+\,188}$ ■

d) ■ $\xrightarrow{+\,50}$ ■ $\xrightarrow{-\,230}$ 145

Seite 62 Aufgabe 2
a) Meine Zahl erhältst du, wenn …
b) …

3 Erfinde selbst Zahlenrätsel.
Stelle sie in der Klasse vor.

Seite 62 Aufgabe 3
…

addieren *subtrahieren* *Summe* *Differenz*

★ SF: Zahlenrätsel lösen und Rechenschritte darstellen ★ SF: zu vorgegebenen Rechenaufgaben Zahlenrätsel erstellen und dabei Fachbegriffe verwenden ★ SF: eigene Zahlenrätsel unter Anwendung der Fachbegriffe erfinden und präsentieren

Einstern 3

Themenheft 1

- Die Zahlen bis 1000
- Addition und Subtraktion im Zahlenraum bis 1000
- Achsensymmetrie

Erarbeitet von: Roland Bauer und Jutta Maurach

Redaktion: Agnetha Heidtmann, Friederike Thomas, Sophie Yurdakul

Illustration: Yo Rühmer

Umschlaggestaltung: Cornelia Gründer, agentur corngreen, Leipzig

Layout: lernsatz.de

technische Umsetzung: Reemers Publishing Services GmbH

Begleitmaterialien für Lernende der dritten Klasse

Einstern 3 Paket Verbrauchsmaterial	978-3-06-084736-5
Einstern 3 Paket *leicht gemacht* Verbrauchsmaterial	978-3-06-084742-6
Einstern 3 Arbeitsheft	978-3-06-084759-4
Einstern 3 Übungssternchen	978-3-06-084733-4
Einstern 3 BuchTaucher-App	978-3-06-084764-8
Einstern 3 interaktive Übungen	978-3-06-084769-3

www.cornelsen.de

1. Auflage, 1. Druck 2022

Alle Drucke dieser Auflage sind inhaltlich unverändert
und können im Unterricht nebeneinander verwendet werden.

Druck: Parzeller print & media GmbH & Co. KG, Fulda

ISBN 978-3-06-084782-2

PEFC
PEFC/04-31-1308

PEFC zertifiziert
Dieses Produkt stammt aus nachhaltig bewirtschafteten Wäldern und kontrollierten Quellen.
www.pefc.de

Vorschläge für Plenumsphasen zum vertiefenden Erwerb prozessbezogener Kompetenzen

S. 4	Kinder stellen Beispiele für große Zahlen in ihrer Umgebung vor und beschreiben, was sie bedeuten
S. 6	Kinder erkennen und beschreiben Zusammenhänge zwischen einzelnen Teilen des Mehrsystemmaterials (Würfeln, Stangen, Platten und Block)
S. 10	Kinder beschreiben mathematische Beziehungen und Zusammenhänge in der Stellentafel
S. 12	Kinder stellen ihre Vorgehensweise beim Schätzen vor, vergleichen und bewerten diese
S. 14	Kinder beschreiben den Aufbau und die Strukturen in der Tausendertafel
S. 28/32	Kinder beschreiben ihr Vorgehen beim Legen und Rechnen der Aufgaben in Schritten
S. 36	Kinder stellen ihre eigenen Fragen, Rechnungen und Antworten vor und überprüfen diese auf Plausibilität
S. 39	Kinder beschreiben ihre Erfahrungen mit dem Doppelspiegel in Abhängigkeit von der Position der beiden Spiegel
S. 40	Kinder beschreiben die Eigenschaft „achsensymmetrisch" an ausgewählten Beispielen
S. 45/51	Kinder stellen ihre Rechenwege vor; sie vergleichen ihre Beschreibungen und benennen Kriterien guter Beschreibungen
S. 46/52	Kinder beschreiben an Beispielen ihre Rechenschritte und vergleichen unterschiedliche Vorgehensweisen
S. 58/59	Kinder beschreiben, vergleichen und bewerten unterschiedliche Rechenvorteile
S. 62	Kinder stellen ihre selbst erfundenen Zahlenrätsel vor und überprüfen diese auf Plausibilität

Vorschläge für die Förderung von Medienkompetenz

S. 10	Kinder erstellen am PC mithilfe der Tabellenfunktion in einem Schreibprogramm eine eigene Stellentafel und speichern diese; sie drucken die Stellentafel aus und legen und verändern dort Zahlen mit Beilagenplättchen
S. 11	Kinder legen und verändern an der eigenen digitalen Stellentafel Zahlen mithilfe der Zeichenfunktion im Schreibprogramm
S. 17/61/62	Kinder erstellen eine (digitale) Sammlung/ein Buch für die Klasse mit selbst verfassten Zahlenrätseln
S. 24	Kinder suchen dreistellige Zahlen auf verschiedenen Tastaturen
S. 41/42	Kinder recherchieren im Internet nach Möglichkeiten, an Figuren Symmetrieachsen einzuzeichnen und Figuren symmetrisch zu ergänzen, und nutzen diese Tools; davor sollte thematisiert werden, dass bei der Recherche bzw. vor dem Nutzen der Tools auf eventuell anfallende Kosten oder die Abfrage (personenbezogener) Daten zu achten ist
S. 61	Kinder erstellen eine Merktafel zu Fachbegriffen der Addition und Subtraktion

Synopse zu den Medienkompetenzbereichen

Suchen, Verarbeiten und Aufbewahren	S. 4, 10, 11, 17, 24, 36, 37, 61, 62
Produzieren und Präsentieren	S. 4, 10, 17, 61, 62
Schützen und sicher Agieren	S. 41, 42
Problemlösen und Handeln	S. 11, 23, 27, 31, 35, 41, 42, 44, 45, 49, 50, 51, 55